地球に自然を返すために
―― 自然を復活させるボランティア ――

八木雄二 著

知泉書館

はじめに

　長年にわたって都会の中では格別の大きさの公園（24ヘクタール）で活動をつづけてきた。その公園は埋め立てで失われた自然を再生することを目的とした公園である。「自然」と聞けばさわやかなイメージだけが伝わるかもしれない。ところが，じっさいに動いてみると，人間世界のどこにでもある問題にぶつかる。

　ひと言でいえば，わたしたち一人ひとりが思い，恋焦がれる自然がそれぞれ違う，ということである。

　ある人にとっては，「ここにこういう虫が居るのが自然」であり，ある人にとっては，「ここにこういう鳥が居るのが自然」であり，ある人にとっては，「ここにこういう草があるのが自然」であり，ある人にとっては，「ここにこういう魚が居るのが自然」なのだ。

　あるいは樹木の姿一つとっても，「ここにある木の自然な姿はこういう姿でないと自然でない」とか，草の生え方でも「ここの草はこういう姿でないと自然ではない」という思いで見られている。

　そのため，一本の木，あるいはある地区の草地に手を入れようものなら，「鳥が居なくなったのはそんなことをするからだ」とか，「そんなことをするから虫が居なくなった」のであり，「草は自然に増えているのだからそれを刈るのは自然破壊だ」という批判を聞かされる役目を負わされる。

自然は一人ひとりに違った顔を見せているのである。

科学の世界では、自然の特色として「生物多様性」が言われている。しかし、それは多様な生物種によって自然生態系が存続している、という科学的な意味だけではない。わたしたち一人ひとりの心の目に、自然が「それぞれ違って映っている」。これも「生物多様性」なのである。

つまり自然のうちには、虫が居るだけでなく、鳥も居るし、獣も居るし、蛇もいるし、魚も居るし、草も生え、花も咲いている。この多様な生き物のそれぞれにファンが居る。どの人も自分が好きな生き物をずっと見ていたいと思っている。ほかのものが傷つくのはがまんできても、好きな生き物が傷つくのを見たくない。こうして自然は、同じ自然であるにもかかわらず人によってそれぞれ違って見えている。

このことを知らないと、ボランティアによる自然の保全作業はできない。多分、途中で喧嘩になって終わるだろう。

わたしたちは、自然の多様さと、それを作り出しているさまざまな生き物の多様な力と、他人の思いの多様さと、その多様さを生み出す人それぞれの経験や力量を、謙虚に学ばなければならない。

この本では、おもに、このもっともむずかしい局面を担うボランティアを説明したい。自然に手を入れる作業のボランティアである。観察会など、自然に手を下さずにただ生き物を観察するだけなら、ほとんど管理者や仲間との間でトラブルは起きない。簡単なコミュニケーションがあればできることである。

それに対して自然環境に手を入れるとなると，各人各様の自然観が千差万別の意見となって現れる。土地の管理者は管理者で，自然とは無関係の意識で土地を見ている。

　一方，「ボランティアで」というと，「無料でしょう」，「ただでしょう」，だから，「遊び半分」，「いい加減」と連想して，お金を受け取る価値のない仕事をすることだと考える人がいる。でも，何か困っている人にたまたま出合って，手を貸してあげるとき，「無料」だから「いい加減」だと，はたして言えるだろうか。

　たしかに，病気の発作的症状の場合には，専門家でなければ手伝いができないときがある。素人が手を出したら危険かもしれない。しかし，あらかじめ知識をもっている必要があることはときにあるとしても，そうでもないことはたくさん起こる。また知識が必要かどうかは，「無料」だから「いい加減でよい」かどうかとは，別のことである。

　相手がある場合には，やはり手を貸す前に，考えておかなければならない。むしろ無料だろうと有料だろうと，他者に手を貸すときにはあらかじめ学んでおかなければならないことがないか，あるとすればそれは何か，考えておかなければならない。とはいえ，あるとしても，「すべてについて学ぶことが必要である」とは言えない。

　自然を保全する作業のボランティアは，何も学ばなくてよい世界ではない。では，作業に入る前に必要なことすべてを学んでおかなければならないものだろうか。

言うまでもなく,「すべて」というのは,どんな世界でもありえないことである。世の中は変化していく。あらかじめ「すべて」がわかる人が居たら神様だ。自然を保全する作業についても,あらかじめ心得ておいたらつまらない失敗をしないですむことは,たしかにある。でも,すべてを知っておく必要はないし,自然についてすべてを知ることは不可能である。

　大切なことは,謙虚に学ぶ姿勢である。自然は多様で,どんな天才でも知り尽くすことができない世界であることを理解して,むしろ自分が足りないところに気づく姿勢を保つことである。しかしながらこれは「言うはやすく,行うはかたし」。

　この本は,著者の拙い経験を通して,あらかじめ知っておいたほうがつまらない失敗で無駄な時間を過ごさずにすむようにと考えて,書いた。あるいは,なぜボランティアでするのか,意義がわからないために踏み出せない人が居たなら,この種のボランティアには大きな意義があることを伝えるために書くものである。

　これから述べることは,具体的には自然の保全作業のボランティアにとっての知識であるが,人間が生きる世界には共通なところがある。仕事の世界でも,よく似たことがあるだろうし,もっと別の趣味や人間関係でも,ここに書いてあることのなかに,共通なことがらを見つけることは,きっとたやすいだろう。

　いずれにしろ新しい世界に踏み出すときに,壁になるもの(ときに自分には悪意にすら感じてしまうもの),その壁を乗り越えるために努力を積み重ねなければならないこと(前から知っていたら,むしろ始めなければ

よかったと，ついつい思うもの)，そういうものごとを，書いておこうと思う。

　むしろ読まなければ気楽に始められたのに，と愚痴をこぼしたくなる読者も出てくるかもしれない。でも，知ってしまったあとでも「踏み込む」ことができるくらいでなければ，しょせんボランティアはできない。つまり読んでしまってできなくなったと言う人は，読まなかった場合でも，始めることはできても続けられないに違いない。それに，どの世界にも，この本に書いてあるような壁はある。その壁をがんばって登ってみようと思う人にしか，実際には何であれ始められないし，壁の向こうの世界は，見ることはできないだろう。

　第1章から第3章までは，どこかで作業をするために心得ておかなければならない現実的なことを書いた。もしも読者が実地よりも本の上での学習に興味があるのなら，先に第4章以下を読んでほしい。

　この本の最後に書いたものは，遠い未来のことであり，壁の向こうに見える世界である。著者の目に，ようやく見えてきた世界と言える。それは驚くべきことに，「地球に自然を返す道」である。この道が，たくさんの人たちの足で踏みつけられた草の道，石ころの転がる道になることを願っている。そのときには，気づかぬうちに世界は今とはすっかり変わっていることだろう。人間が溜め込んだ有象無象の垢のために行き詰っている今日であるが，そのときには，幼い頃に見た原っぱのように，行き止まりのない広々とした世界が広がっていると思う。

目　　次

I　自然管理のボランティアと土地の管理者
　　　　──「協働」を可能にするために──

ボランティアのやる気と管理者の駄目だし　　3

管理者に提案すること　　4

提案書の表紙　　4

提案の第一項目（場所）　　5

提案の第二項目（現状）　　5

提案の第三項目（目標）　　7

提案の第四項目（作業内容と道具）　　8

提案の第五項目（目標の維持）　　12

提案書のコピーを用意して，仲間を見つける　　12

提案書を管理者に示す　　14

「協働」の始まり　　16

II　自然の管理（環境管理）とボランティア

管理者と業者による自然の管理　　22

里山の自然管理　　24

公園の自然管理と里山の自然管理　　27

ボランティアによる自然の管理　　29

ボランティアの手で行う作業　　32

Ⅲ 自然を伝えるボランティアとボランティア組織

自然観察の案内　34
里山の疑似体験を教えるボランティア　36
管理者が求めるボランティア　38
ボランティアの組織運営　39
資本主義経済の歯車とボランティア　41
ボランティア組織の事務作業　43

Ⅳ 自然を知る

困っている自然を知る　47
人助けとしての自然ボランティア　48
自然を知る基本　52
自然の生命のすがた　52
植物の光合成と太陽の光　54
太陽の明るさと月の明るさ　55
植物と動物　57
自然を見習う　59

Ⅴ 自然と共生する経験

教科書と体験　63
実施することに自信をもつこと　66
家の庭と寺の庭　69
科学的管理と身体的管理　70
動物の身体と生態系　74
人間の二つの脳（頭脳と腸脳）　76

地球に自然を返すために　　　xiii

全身全霊で考え，行動する　　78
自分の後姿を見る　　81

Ⅵ　自然ボランティアのやりがいと苦労

ボランティアのやりがい　　83
自然ボランティアの苦労　　87
自然の一角としての作業　　88
ボランティアと稼ぎ　　90
社会的評価　　94
管理を稼ぎとする管理者との関係　　95

Ⅶ　ボランティアの約束

自然に怪我をさせない，自分も怪我しない　　97
人に怪我をさせない　　101
逃げ場を守る・逃げても戻る（世界は新しくなる）
　　　　　　　　　　　　　　　　　　　　104
自然の治癒力を信じる　　106
三人寄ったら会をつくる　　110
声を掛け合う，教え合う　　111

Ⅷ　地球に自然を返す
――ボランティアにしかできない奇跡は起こるか――

自然作業のボランティアはくたびれもうけか　　114
自然作業によって得られるもの　　116
もう一つの奇跡の可能性　　118

xiv 目　次

自然の土地は維持できるか　122

あとがき　125

地球に自然を返すために
―― 自然を復活させるボランティア ――

（東京港野鳥公園の経験から）

I

自然管理のボランティアと土地の管理者
―― 「協働」を可能にするために ――

ボランティアのやる気と管理者の駄目だし

　緑が広がる場所を歩いていて，野生的な自然を復活させたいと願う人が適当な場所を見つけたとしよう。その場所が自分の土地でなければ，言うまでもなくそこは他人の土地である。そこが公共的場であるなら，公園になっているか，保全すべき場所として法の網が掛けられている。

　土地の管理者は，他人が自分の（自分が管理権をもつ）土地で勝手なことをされては困る，とつねに考えている。管理者が積極的にその土地ですでに何かしたいと考えながら，だれに相談していいか思案中であることはまれである。もしも管理者にそういう積極性があれば，ボランティアの訪問に何かを期待してくれるだろう。しかし一般的には，それは期待できない。管理者は何も考えていないか，私有地なら，売るなり貸すなりする相手をさがしているだけである。

　だから，管理者が希望していることでもなく，得になることでもないことを，ボランティアがそこで何かしたいとなれば，相手が乗り気になる提案をしなけれ

ばならない。うまく提案できなければ，即座に管理者の特権，あるいは所有者の権利として「だめだ」と言うことばを，ボランティアは聞かされる破目になる。そしてその後は会ってもくれない，ということになる。ボランティアのやる気がせいていればいるほど，この失敗は起きやすくなる。管理者は問題が発生することを恐れる立場に居る。面倒な仕事が生まれるだけとなれば「だめ」と言いたがるし，「だめ」と言っておけば問題の発生が抑えられる。少しでも駄目だしをする理由が見つかれば，「だめだ」としか言わない。

管理者に提案すること

　管理者に会って，提案することは，つぎのことである。
（1）自分が考えている場所がどこか。（2）その場所が現在どうなっているか。（3）その場所をどういう場所にしたいか。（4）そういう場所にするために必要な作業と作業道具はなにか。（5）目標達成後の作業はなにか。
　以上，提案書は5つの項目の内容を，ことばと絵で説明し，その表紙をつけたものである。
　この作業は面倒に見えるが，提案書は仲間を得るうえでも必要になる。しかも，のちのち記録としても重要になる。

提案書の表紙

　表紙は，相手先の名前か肩書きを様で書き，自分の名前と連絡先を段を落として書き，日付を書く。そし

て「ボランティアの申し出」とか「お願い」とか表題をつけて，ボランティアで行いたいことの概略を誠意を示して書く。そして添付する文書を簡略な仕方で列挙する。最後に「以上。敬具」と書いて表紙の終わりもはっきりさせる。

提案の第一項目（場所）

　場所を示すのに間違いのないやり方は，適当な縮尺の白地図を用意してそこにしるしを付けることである。

　その場所の白地図は，コピーを手元にもっておく。あとあと必要になる。パソコン画面上で縮尺を適当に変える手腕も，あったほうがいい。

　白地図は，インターネットでも，図書館か役所でも，手に入るだろう。でも図書館に足を運んだら，その場所の歴史など，調べておくといいことがある。何かのヒントになることもあるし，少なくとも「知っている」ことはその場所に対する愛着を示すものだから，仲間を募るにも，だれかの信頼を得るのにも，かならず役立つ。

提案の第二項目（現状）

　現状を伝えるのには，写真と，できれば手書きの絵（デッサン）を添えるのがいい。写真のほうが簡単だし，それで十分だと思うだろうが，写真撮影も案外にむずかしい。そもそも緑一色，あるいは枯葉色一色の写真になると，一見，何がなにやらわからない写真になりがちである。植物に陰影をつける工夫が必要である。日光の当たり具合を考えて適当な時間を選ぶか，

フラッシュをたいて人為的に陰影をつけることもできる。しかし思い立ったときが枯れ木の季節で，自分が問題だと感じたときが緑がいっぱいのときだとすると，写真では現状が十分に伝わらない。もちろんそのときが来るのを半年待つこともできるが，デッサンができれば，現状を絵にすることはできる。

　写真にしてもデッサン画にしても，現状を伝えるためにすることは，きれいな景色を撮影したり描いたりすることではない。むしろ自然風景の何ともがっかりするような様子の撮影であり，写生である。気乗りがしない作業である。しかし，この機会に，たとえ「つまらない」としても「写しておく」ことに馴れておく必要がある。むしろつまらなかったときを写しておくことができないと，「良くなったとき」自分の成果を宣伝する資料がないことに気づいて，あとで悔やむことになる。だから写真も絵も，まず「つまらないとき」を切り取ってから，と思わなければいけない。

　ここは，まずは自分を変えるつもりでがんばらなければならない。つまらない写真をわかりやすく撮影する技術を身につけ，また，下手でもつまらない風景をわかりやすく描く練習をする必要がある。

　とはいえ，絵を描くことについて怖気づかないように言っておきたい。求められているのは，自分がもっている現状の認識を伝えることであって，客観的事実を正確に伝えることではない。現況を正確に絵にすることが目標ではなく，むしろ樹木や草の状態が悪い状態であることを，管理者がわかるように表せればいい。

　それでも，いきなり現場で写生するのはむり（人に

見られたら恥ずかしいとか）がある。そこでまず白紙の練習帳を用意して図書館に行き，植物の図鑑などをたよりにして樹木の絵を描く練習をする。樹木の全体図を見て，葉のようすを抜きにして木の幹と枝ぶりを線描する。葉は，概略を枝の周りなどに円弧を描くだけでいい。いくつかの種類でこれを練習する。そして草についても，同じようにいくつかの種類，現場にある種類がわかればそれを選んで描く練習を重ねる。植物の名を覚えることにもなるので，この練習帳は，大事にしておくべきである。

　いくらか慣れたら，現場に立って現場の見取り図を描いてみる。水辺があれば，それを描き込み，石ころなども適当に描き込み，練習した植物を描き込む。言うまでもなく，このときは，図鑑にあったような木や草ではなく，それらのひどい状態を描く。枝の込みようなど，誇張して描く。あるいはつるが絡んでいるところとか，ゴミが捨てられている，とか，現実にそうであれば描き込む。見るも無残でいかにも何かすべき場所であることがわかるように，描く。そしてそれに似たような角度で撮影した写真も添える，というのがベストである。

提案の第三項目（目標）

　提案書に盛り込むべき第三の項目は，ボランティアが目標とする自然の姿である。

　この項目が一番印象的でなければならない。ボランティアには「夢」がある。その夢がボランティアの命である。それを伝えることがもっとも重要である。し

かも現実に目前にないものだから、写真はない。これはなんとしてでも「絵」にしなければならない。

この絵は、できれば色つきがいいし、そこにきれいな蝶や鳥が飛んでいる景色を添える演出もあっていいものである。

管理者とて、自分の土地がひどい状態にあるより、うらやましがられるほどきれいな様子であるほうがいいに決まっている。その気持ちをくすぐることが大事である。「絵空事」と言われても、夢のような絵を描くことは、ボランティアが自分の考えを伝える一番いい手段だと考えなければいけない。

絵に不慣れな人間には重荷となるが、他人の絵を使ってでも（描いた本人の名前をどこかに書き付けておけば問題ない）、それをパッチワーク式で組み合わせても、何とか「夢を描く」ことが必要である。時間がかかっても、それだけの価値がある。もしも知り合いに絵のうまい人が居たら、自分は簡略にデッサンを描いて、あとの色つけなど、完成までをその人にお願いしてもいい。ボランティアの思いがあれば、きっとその人は願いを聞いてくれると思う。

提案の第四項目（作業内容と道具）

さて、つぎに目標を達成するための作業を説明しなければならない。

まず植栽されている花木を調べておく必要がある。一般に公園にしろほかの場所にしろ、人目につくところには、花を楽しもうと、花を咲かせる木が植えてある。そして花木は、たいていの場合、花が散ったあと、

すぐに次の時季の花芽をつくる。だから剪定できる時期が限られている。それを逃すと，剪定できないか，強行する場合には，次の花期に花が咲かないことを予想しておかなければならない。つまり他人から花が咲かないと非難されたときの答えを用意しておく必要がある。もちろん，納得してもらえる理由がつけられれば，時季遅れの剪定と花の咲かない年があることも，ありだろう。ただし，玄人には言いづらいことでも，相手が素人と知ると剪定時季の間違いを指摘して得々とする手合いがいるから覚悟しておかなければならない。

　ただし花木のなかには春になって花芽のない枝を伸ばす種類もある。自分の枝葉に隠れて花を咲かせるタイプである。この種のものは，コツがわかれば，春になってからでも刈り込みができる。こういう刈り込みは，花の咲く直前にすれば，花がよく見えるようになるプロ級の刈り込みができる。

　花木以外に注意すべき種類は，人間も食べる，あるいは利用する大きさの実（梅とか柿とか，枇杷とか）を枝につける木である。こういう木は，一般にその実が熟したときが剪定の時季である。ドングリなど，熟した実を落とす木や，ほとんど目立たない実を付ける木については，樹木が活動を停滞している冬季が剪定時季と考えていい。とはいえ，常緑の生長の早いものについては，新芽を吹く春先だけは別としてほとんどいつでも剪定して大丈夫である。

　ただし，ツバキやチャなど，触れると皮膚に炎症を起こして危険な虫が発生するものについては，発生以

前に剪定を加えておく必要がある。こうした虫が発生すると，管理者は，近づいた人が知らずに事故にあっては困るので，有無を言わさずに殺虫剤を使う。そして農薬は，人間にはさして害にならないとしても，自然にとっては猛毒だと心得ておかなければならない。農薬で不自然に死ぬのは，その害を生ずる虫だけではない。ボランティアによる作業はそういう不幸な事態を避けるためにこそある。

　以上，各樹木について，剪定の時季を調べ，月単位でスケジュールに書き込む。どんな風に考えてベストの時期を選ぶかは，この本の第四章「自然を知る」で述べる。草について，あるいは地面について，また水辺についても作業を加える予定があれば，その時季を時間軸のスケジュール表に作る。

　実際にどういう剪定をするか（どの枝をどのくらい切るか）は，書く必要がない。剪定作業中の模式図を入れるのはいいとしても，細かい作業を表現する必要はない。目標とする樹形や草地のようす，水辺のようすなどが第三項目のなかにあれば，それだけで十分である。

　使う作業道具は，鎌，剪定ばさみ，剪定用のノコギリ，スコップその他である。それを自分で用意するのか，管理者から借りるかは，要相談である。管理用の道具がそろっている場所なら，貸してくれるだろう。とはいえ，道具は使い方と同じくらい管理が大事である。鎌やはさみ類は，研いで能力を維持しないと，すぐに使い物にならなくなる。最低限，使い終わったあとは洗うとか，汚れをふき取ることが必要である。ボ

ランティアの作業は毎日ではないことが多い。間があくと道具はすぐにさびてしまう。人の目に見えないほこりも，大気中の湿気を吸うからである。道具は使い慣れるくらいになると，研ぎ方も身に付くものなので，研ぐことについては心配しなくてもいい。むしろ，使った道具をつねに整備して戻すことを身に付けることが，何より大事である。

　作業にとって，道具はなくてはならないものである。むしろ道具こそ作業の命だと思うべきである。自分の手はけがしても治るが，道具をだめにしたりすれば，作業はとたんに，まったくできなくなる。ボランティアでやろうと意気込んでも，そのとき道具がだめなら，意気込みは挫かれる。意気込みが挫かれることは，ボランティアにとって，手を怪我することより大きな損失である。

　エンジン付きの道具はとりあえず考えない。危険もあるし，ボランティア作業の目的に馴染まないことが多い。その音と動きは，機械の音であり機械の動きなので，自然を理解して作業するうえでは，むしろ邪魔になることが多い。

　また，外から何かの生き物を現場に移し入れることも，とりあえず考えない。いずれにしろ，最初の段階では，すでにあるものの環境を整備して良くすることを考え，外から植物にしろ動物にしろ，入れることでその場所を良くすることは考えないことが重要である。作業を通じて，まず今ある自然資源に馴染み，その自然の必要を知ることができなければ，外からの移入は，新たな問題を引き起こすだけである。

もう一つボランティアが管理者に説明しなければならないのは，作業で出る枝や葉，ときにはドロなどの捨て場である。地図でどこに捨てるか，あるいは集めるか，それを図示する必要がある。

提案の第五項目（目標の維持）

自然は変化し続けている。したがって，目標に達したからと言って，その後何もしなければ，また元のひどい状態に戻る。したがって，作業は継続しなければならない。

何をどのくらい，ということははっきりしている。第四項目に挙げた作業によって目標に達したとすれば，同じ作業を続ければ，目標が維持されるのは道理である。ただし，そのとき変わるのは，一回一回の作業量である。目標に達した後は，自然にあるのは毎年の変化だけだから，一年分の作業量だけで，維持は可能になる計算である。ただし，一年一年，樹木は大きくなって飛躍的に枯葉の量などが増える。

とはいえ，変わるのは分量だけであることを忘れてはいけない。作業の面倒はあまり変わらない。そもそも樹木は生長する。高くなるのを抑えきれない樹木については，いずれボランティアの手には余ることになる。そのことは，管理者に伝えておくと良い。管理者も，大きくなった樹木の剪定となれば，危険をともなうことは見れば理解できるから，話は簡単に通る。

提案書のコピーを用意して，仲間を見つける

提案書はコピーを少なくとも一部作っておく。そし

て表紙以外の部分は、仲間を募るのに使う。どこでどういうふうに仲間を見つけるかは、自分の勘でしかない。かならずそういうことに興味を持つ人が集まる場が見つかるだろう。そこへ行って自分の考えを発表するなり、個人的に声を掛けるなりして、仲間を見つける。仲間はたくさんである必要はない。せいぜい三人から四人が居ればいいし、たった二人でも、自分だけとは違う。

　仲間をもつことは、ボランティアの生命線である。管理者に提案書を持ち込むとき、仲間が居なければ、それだけで信頼は疑われるし、実行力が疑われる。そもそもボランティアの思いが誠実なものであるなら、信用できる仲間を見出すことはむずかしいことではない。だから、自分が仲間を見つけられないとしたら、自分のボランティアも長続きしない。

　そもそも管理者は、一人では提案内容の実行はいずれ無理になると考える。複数居るとなれば、ひとりができなくなっても、別の人が替わって続けることができる。したがって、複数の人間がつくる団体で提案がなされていると見られるなら、作業をまかせてみてもいいと考える。

　反対に、そうでなければ、提案されたことは信用できないと見なされる。しかも、他の人が自分の提案に賛同できないとしたら、その内容は管理者も説得できないことの証明になる。なぜなら、管理者も、管理者以外も、自分とは別の人間であることに変わりがないし、しかも管理者でない人は、「だめ」と言う理由もないからである。そういう人を説得できない提案内容

だとしたら，管理者を説得することなど到底できないだろう。

したがって，ボランティアの仲間を見つけられないとすれば，提案する前から無理が明らかである。さらに，ボランティアの仲間といっしょに行動していくことになったときに，言い出したボランティアとしてほかのボランティアを引っ張ってゆく力がないことも，このときに判明している。別の人をボランティアに引き込むことができる提案は，ボランティアのリーダーには欠かせない能力の証明になるし，人を誘う力は，リーダーに欠かせない説得力，あるいは人格の証明だからである。

とにかく，運を天に任せる思いで，自分の提案に賛同して助けてくれる人に会えそうな場所に出向き，片っ端から話すか，みんなの前で発表してみる必要がある。そのときの反応で，すべてがわかる。自分が器でないとわかったら，ほかの団体で別の人のリードで何かできないかを選択したらいい。そうなっても，ボランティアのすべてをあきらめる必要はない。ただ，自分がしたい場所でしたいことが自分のリードでできる，ということは無理だとあきらめるほかない。ただし自分がしたい場所でしたいことができるように，自分が知り合ったボランティアのリーダーをそそのかすことも，一つの選択肢である。

提案書を管理者に示す

仲間を見つけることができたら，その仲間の一人をさそって，管理者に会いに行く。そして提案書を出し

て，口頭でその内容をざっと説明する。管理者は提案書が整っていれば，それについてはあとでも検討できるので，説明された内容についてはそれほど気にしないものである。回答は，後日のどの日かを決めてもらえばいい。

　管理者がその場で判断したいのは，ボランティアの誠意である。本気かどうか，である。世の中には奇妙な人が居て，いかにも誠実そうに，計画を自慢げに話し，そのくせとつぜん気が変わって（相手が自分と同じように自分の計画に興奮してくれないと見ると）何もしない，という人が居る。管理者の立場に立つ人間は，そういう人間にもたくさん出合っているので，トラウマ状態になっているかもしれない。本当に信用できる人間かどうか，あなたの隣に座っている仲間の様子も観察しながら，あなたの誠意を査定する。

　回答がどうなるかは，管理者の人間力にも左右されるので，待つしかない。もしも管理者が役人のような立場であるなら，ほぼ同時期に，あるいは様子を判断するためにそれ以前に，その管理者の上司の立場にある人にも，提案書を見せて意見を聞いておくこともお勧めである。行政の世界でも，上司の意見は，たとえ無責任な立場であっても（その上司の責任範囲にないことでも），下位の人間の判断を左右する。下位の人間が上司に相談したとき，上司がそれをすでに知っていれば，自分がそれを上司に説明する手間が省けるし，しかもその内容について悪くない意見を聞くことになれば，管理者は自分の成績に関係するかと思い，良い回答をしてくれる。

「協働」の始まり

　管理者から良い回答が得られれば,「協働」が始まる。しかし良い回答が出なければ,後日の機会を待つほかない。行政職なら人事異動がある。理解のある人が管理人になることもある。すべてをあきらめることはない。また駄目だしをした当人でも,世の中の変化があれば対応が一変することもあるので,新聞のニュースなど,知事の見解が出たら,自分がしたいことと関連しないか,つねに考える必要がある。説得材料になりそうだとわかったら,管理者やその上司に話してみるのもいい。少なくとも,反応を見るのは無駄ではない。

　ボランティアや社会貢献の評価が上がる出来事や,自然保全に関する政府レベルの対応の変化は,少し時間を置いて,現場に反映してくるものである。あきらめてはいけない。あなたが目を付けた場所の自然の生き物たちが,生死を分ける日々を送りながらあなたの助けを日々待っていると考えれば,食べるのには不自由しない人間があきらめていい理由などない。野生の生き物たちとの共感は,自然保全にかかわろうとするボランティアの命である。

　したがって,悪い回答をした相手でも,何かあれば話をする間柄を保つことが肝心である。管理者に対するこの姿勢は,良い回答を得たときにはさらに重要になる。相手が忙しいときに,つまらない話で時間をとるのは,煙たがられる原因になるし,まったく音沙汰なければ,興味を失ったのではないかと疑われる。管理者との間に良いタイミングをはかり,相手が必要と

する情報が届くように努力することが大切である。

　さて，良い回答があれば，その後，いつ始めるか，提案書通りのスケジュールなのか，道具を借りられるか，その他，管理者との間に確認が必要なことが生じる。それについて十分管理者と話し，絵を描いたり，文字にしたり，あとでトラブルにならないように，文書に残すのがいいかもしれない。あるいは文書に残すほうがやっかいになるという双方の協議の結果が出れば，ボランティア側も，文書にしないことにしても，当面はよしとすべきである。

　ほかに，ボランティアが提出した提案書にないものとしては，事前報告のタイミングと，事後報告の内容がある。現場に入るとき，どういうタイミングでどこに連絡を入れるか，そして報告書にはどういう内容を入れるか，それを管理者と確認する。

　そして管理者への報告内容が固まったなら，その形式の紙面を管理者に作ってもらうとよい。そこに事後，作業内容を書き込み，提出できるようにする。そしてつぎに，自分用の記録をどういうふうに作るか，考えなければならない。

　管理者への報告書をコピーするだけでも十分だが，自分なりの日誌を作るのは，あとで楽しみにもなる。また，ほかのボランティアとの日誌交換での情報交換の楽しみにもつながる。だからその日気づいたことや感想を書き入れるノートを現場に置かせてもらうように願い出るべきである。

　知っておくべきことは，「協働」ということばは，平成二十四年現在，いまだ法律には明示されていない

ことである。したがって，行政の世界とその周辺では，すべて個人の主観の範囲でしか「協働」ということばは存在しない。ボランティアの思い描く「協働」が，管理者が思い描く「協働」と同じであることは，まずないと考えていたほうが無難である。

　管理者側は，業者との「請け負い」しか知らない。つまり業者が，管理者側の指示通り，その指示の範囲で作業をして，それ以上でも，それ以下でもない作業を実施する，という種類の作業とその手順しか知らない。したがって管理者は，ボランティア作業も「それと同じようなもの」としか見ることができないのである。

　つまり通常，行政の周辺では，管理者が自分がもつ予算とのにらみ合いで計画を立て，業者から見積もりを出させ，気に入ればその業者に作業をさせ，報告を受け取る。あとはその文書を整理して保存する。必要なときにそれを係りに見せて自分の仕事振りを認めてもらう。そしてもっとも重要なことは，関連する法律をよく知って，それに即して作業を進める，ということである。これが管理者がしている通常業務である。

　すでに述べたとおり，現在法律には「協働」はないので，行政職の周辺では協働にあたって従うべき法律はない。行政職の仕事は，法律に則っているということが，自分が行う仕事のすべてである。それがない，ということは，足下が危ないことを意味する。したがって，ボランティアに良い回答を出しても，行政側の管理人なら，気楽な気分でというわけにはいかない。管理者側は，結果が良いかどうか，いらぬトラブルが

生じないかどうか，気にしている。つまりボランティアの作業に，ほかの利用者からの苦情があったときには，それにどう対応すればよいか，考えている。もしかしたら，ボランティアを守るより，ボランティアとの間に距離を置くほうが得策だ，と考えるかもしれない。つまりボランティアと，ボランティアの作業に苦情を言う利用者のどちらの側につくか，「公平の原則」をどう実現するか，管理者は日々悩むのである。

　ボランティア側は，そういう管理者の悩みを，一応，考慮する必要がある。そしてこれが「協働」の始まりだと考えるべきである。利用者からいらぬ苦情が来ないように，スケジュールと作業内容を見直しつつ，結果が出て，その結果が無言の好評を得るまでがまんして待つほかない。

　とにかく，ボランティアが計画を作り実行するのに対して，それを知る立場の管理者が，それを外野の雑音から「守る」ことができれば，それは「協働」の実質と言える。だから管理者が自分の仕事を超えてボランティアを支援してくれるかどうか，それが「協働」の中身になる。行政職にあっては，法律が仕事を規定している。したがって，法律にない「協働」は行政職に居る管理者にとって，じつは仕事を超えた領域なのである。したがって「協働関係」は，管理者が，やはりボランティアで対応しなければならない領域になる。

　管理者側は，実質仕事なのに給料に反映されないとなれば，自分の「損出」と考えるかもしれない。しかし，人間社会のなかでは，無給であろうと家族の生活のために家事をすることも不可欠であるように，人間

社会の連帯のために無給の作業に汗を流すことは，その人の人生の価値そのものである。じっさい有給の仕事は，市場の利益に連なることを表している。言い換えれば，それは市場の価値，お金の価値でしかなく，その人の人格とは無関係である。お金に換算されたとたん，「心」はなくなる。有給の仕事は，給料で評価されるものであって，人格で評価されるものではない。市場では，どんなに立派な人でも，稼げなければ首である。管理者も，人間社会がもつこの常識を十分に理解すべきであろう。この理解なしには，ボランティアとの「協働」は実現しない。

　したがって「協働」は「友人関係」に等しい。相手の立場への理解，互いの人格の交流なしには成立しない。法律が「友人」を語ることがないように，法律は「協働」を語らない。しかし法律がそれを語れないからと言って，価値がないと管理者が判断するとしたら，すでに述べたように，大きな間違いである。金銭的価値にこだわるのは，守銭奴と言われるしかない人間であり，死ねば清々すると言われるだけの人間である。いくら行政の仕事は法律に縛られていると言っても，法律は法律の目的によって規制されている以上のことを，人間から奪うものではない。

　行政職にある人間であろうと，民間企業人であろうと，上に立つ人間は，指示された仕事以上のことまで総合的に判断できる能力によって選ばれる。組織の下に居ることに安住して，上から指示されることだけをする管理者なら，管理者としての資質が問われる。そういう管理者との協働ならばあきらめなければならな

い。ボランティアは上下関係で動けるものではなく，平等の協働関係でしか動けないものだからである。

II

自然の管理（環境管理）とボランティア

———

管理者と業者による自然の管理

　第Ⅰ章で述べたように，公共の土地管理者による自然の管理は業者を雇って行われている。それは里山管理とは，まったく異なる。むかしの里山管理なら，日々の暮らしのなかで必要なこと，つまり目に付いたことは細かなことまで，自分たちの暮らしを守るために，自分たちの手ですべて実行された。他方，公共の土地の場合（基本的に公園を考える），管理者はその土地の目的に合わせて管理計画を策定する。道路や水路，水辺環境の維持にかかわる土木関連の計画，利用者が憩える場をつくる造園関連の計画などである。

　言うまでもなく，この計画は一般の利用者向けである。たとえば個人が自分の家の庭を眺めて楽しみ，あるいはそこを通るときに不便や不快なことがないように，植木屋さんなどに，こうしてくれと頼むときと同じである。公園の管理者は，公共の少し広い場で同じことを計画する。場所の広さから公園と里山が混同されてしまうかもしれないが，里山はあたり一円の「人々の暮らし」がかかっている管理である。

それに対して、個人が一戸建ての生活で庭をもち管理するのは、楽しみのためであり、「休息のため」である。暮らしがかかっている場ではない。公園も、利用者の暮らしがかかっている場ではなく、人々の休息の場であり、子どもの遊び場である。つまり公園は大なり小なり「大きな庭」である。個人の庭ではなく、町の庭なので、少し規模が大きい、という違いだけがある。

　管理者はそれを実現する仕事をしている。一般の利用者向けに、公園が快適な休息の場となるように整備する計画を立て、業者の見積りを取り、発注する。業者は受けた作業計画通りに（それ以上でもそれ以下でもなく）作業し、報告書類を管理者に提出する。

　現在では、ほとんどの人が都会生活をしている。こうしてできた公園の風景や庭の風景しか目にしていない。遠くに出かけて大自然を楽しむことはあるが、それでも都会の自然は、庭園式の「都会風の自然」が本来の姿であると考えている。そこには市民が払った税金がつぎ込まれている。利用する市民は、ほかの市民に対する遠慮の範囲で公園のルール（取ってはいけない、とか、犬を放してはいけない、とか）に従わなければならない。しかし、公園にあるべきは都会風の自然（庭園風の自然環境）であり、利用者にとって快適な場であるように管理者には要求する権利があると考えている。

　したがって管理者はそういう視点で公園の整備を計画し、業者に作業を委託する。業者は、委託された作業を一般化された規格に即して行う。たしかに業者の

技術力は同じではないので，いくらかは優劣がある。しかし，委託された作業をこなす技術力が十分になければ業者は業界で生き残れないのだから，業者の仕事内容がかけ離れることはない。業者は一般化された規格の通りに作業をこなす能力を高めようと，作業員を指導し，訓練している。早く，正確に，効率よく，というのが業者の目標である。

したがって造園業者はプロだが，自然を良く知ることを生業としているプロではない。生業の関係で植栽される樹木の種類やその性格を一般人よりは知っている。しかし作業員が道具の刃先を向ける相手が自然であっても，業者の目標は作業の正確さと効率なのである。それが儲けにつながるからである。

里山の自然管理

さて，谷戸（山や丘の谷筋）の里山の例で，里山における自然管理の実際を考えよう。谷戸を取り上げるのは，日本列島の大部分が山地であって平原ではないからである。一部に平野部の里山があるが，それも谷戸の自然管理に準じていると見てよいものである。

里山では，イネや畑の野菜を育て，切り出した木を燃料にしたり材木にして暮らしが立てられる。生活の基本は自然が生み出すもののおすそ分けだから，お金を払う相手は居ない。言うまでもなく，都会の暮らしが関係するようになれば，その分は金銭によって商品を得ることが起きる。しかし，食べ物と飲み物を自然から受け取るのが里山の暮らしの基本である。だから，それを生み出す自然を守ることが里山の自然管理とな

る。

　つまり飲料水となる湧き水（地下水），イネを育てる泥と水と日照，材を育てる土地と日照，畑のなりものを育てる土と日照，これらが里山の暮らしを支える財産である。この財産を守るために日々の作業がある。

　都会の公園の自然は「休息の場」だが，里山の自然は「飲み水，田や畑のなりもの，そして材の三つを得る場」である。それは人間の生活を直接支えるものを生み出す自然である。

　したがって，その自然が生きている場を守る作業が，里山における自然管理の作業である。それはその里山に暮らしていない人には頼めない作業である。生活の資材を守る作業として今ここで何が必要になるか，そこに生活していない人には見えてこないからである。

　里山の作業をお金に換算したら「いくらになるか」も，むずかしいことである。一般的な人員計算で労力を計算することはできるかもしれないが，質の面は規格外である。それは人命の計算と同じである。事故で死んだとき，都会の生活なら，だいたいその人が本当なら生涯でいくらぐらい稼ぐことになるか，一般的基準が見つかるかもしれない。しかし山の中の暮らしの価値は，一般的で正確な基準を見つけることがむずかしいものである。なぜなら，その暮らしを支えるものは，お金で買ったものではなく，自然が生み出す成りものだからである。

　たとえば，イネづくりの作業は，田んぼの水を確保する作業である。このとき，湧き水が豊富だからといって，その水を田んぼに入れればいいと考えるなら，

里山の暮らしは理解できない。都会でなら，同じ水道水を，飲み水にし，洗いものに使い，汚れを流すのに使っている。谷戸の自然では，冷たい湧き水を田んぼに入れるのではなく，春めいてきた雨水を見て，それを田んぼに貯めるのである。

　そのために，里人は田んぼの泥を田んぼの縁に塗りつけ，水が抜けないように壁をつくる。その壁を，日々，ケラという虫が掘り抜いて，田んぼから田んぼを行き交う。里人は，日々，泥を塗って直す。農薬でケラを殺したり壁をプラスチックの材で止めたりはしない。毎日毎日，ケラに負けずに，どろを塗りつけて，イネのために，春の水，初夏の水を田んぼに貯めるのである。

　生き物の暮らしには生き物の暮らしのルールがある。化学合成の農薬を使ったりプラスチックを使うのは，ルール違反である。里山の自然の生き物すべてが生きていけないといけない。むやみに殺すのは里山の自然全体の命を止めることになる。その関係を知ることが，里山の自然管理を知ることである。

　一方，イネ作りのために，炎天下，里人は田んぼを干からびさせる。虫干しした田んぼの泥は乾いて亀裂が入る。こうして田んぼの泥のなかに酸素が入り，ゆるみがちだった泥が固くしまる。イネは水を探して深く根を下ろし，実をつけるために泥の中から栄養を集める準備を整える。田んぼが干上がったとき，田んぼの水のなかで暮らしていた生き物たちは，その場から一時離れていく。生き物たちは逃げ場を見つけて別の場所で生き残る。立秋となり日照がやさしくなるころ，

再び田んぼに水が入る。ほかに逃げていた虫たちは，再生した田んぼという水場に戻って来る。

あるいはまた，田んぼの周りで日照を確保するために行われる草刈，あるいはやぶの刈り取りは，小さな草花が生きる場をつくる。

こうして里山の自然管理は，生物の研究者たちが驚くほど豊かな生き物の生息環境をつくってきたのである。

公園の自然管理と里山の自然管理

公園の自然と里山の自然は，まるで異なっている。たしかにどちらも人が管理している自然である。田んぼがあるかないかの違いくらいだと思われがちである。だから都会の人には，なぜ公園の自然には生き物が少なくて，里山にはたくさん居るか，ということがわからない。そして公園の管理が悪いからだ，と思いがちである。

都会風につくられる公園の自然は，大きな庭である。里山風には改善できない。その理由は，都会の自然が人間の「休息の場」としてアレンジされているからである。もう少し言えば，大人にとっては休息の場，息抜きの場であり，子どもにとっては遊びの場である。さらに公共の場なので，利用者のだれもが一般的に喜ぶように，施設の規格が統一されている。チェーン店の味が規格統一されていて，安心だけどみな同じ，というのと似ている。違う公園なのに，イメージが似てくる。どこにでもあるものが，ここにもある，ということである。

すべての作業が規格に基づき，計画され，業者によって実行されている。そのために自然がもつ多様性はなくなる。しかもこの計画は利用する人間の休息のためであって，そこに生まれる自然のなりもののためではない。自然のなりものは多種多様だが，人間の休息に求められるものは一様になりがちである。緑と水辺と不快でない生き物たちの姿である。

　他方，自然のなりもののために自然を管理しようとすると，多様なしかたでの管理が必要になる。しかもなりものは生き物なので，お互いに関係していて，ほかがだめになると，それ自身もだめになる。だから，田んぼや畑で育てている以外の生きものも，やはり大事にする管理が里山では必要である。

　公園の施設はそれぞれ独立に見られて，それぞれ別々に維持管理が計画されている。パッチワークみたいなものである。たとえ自然が一部こわれても，それがほかの部分に影響することまでは考えられていない。里山の自然相手ではそうは行かない。こわれた自然は，回復のために一定の時間が必要であり，回復の条件も複雑である。なにより相互にかかわりあった命の理解は，時季と場所（三次元の位置）がかかわるので，四次元で理解するしかないものである。その理解は，都会人にはまったく縁遠いものである。

　簡略に言えば，公園の自然は，管理者が立てる計画と，それを実施する業者の組み合わせで画一的に行われている。機械や人工の施設を整備して管理するのと同じである。他方，里山の自然は，人間を巻き込んだ命全体の管理として，里人自身によって行われてきた。

ボランティアによる自然の管理

　ボランティアは，里人でもなければ都会の公園の管理者でもないし，言うまでもなく業者でもない。ということは，これまであった公園の自然の管理とも，里山の自然の管理とも，違うことが起きると予想しなければならない。

　さて，都会の公園の自然は，管理者が立てた計画で業者が行う。ここにボランティアが来て，自分の見立てを説明し，それを実行するために自分の労力を提供する。作業の計画を立てているのはボランティアであって，管理者ではない。ということは，管理者と同じように公園の目的を考えていないということである。もちろん公園には設置の目的が公開されているので，管理者はボランティアにもそれを説明し，計画に反映させるように要求できるし，ボランティアも利用する市民と立場は大差ないから，その意味は理解できる。

　しかし，ボランティアの視点が管理者の視点と同じである必要はない。もしもボランティアが管理者と同じ視点で公園を良くしたいと考えているのなら，自分が計画を作ったり，作業を実行したりする必要はない。管理者はボランティアから見て無能なだけで，これまでやるべきことができなかっただけである。それをうまくボランティアが教えれば，管理者は自分の仕事としてそれをするはずである。ボランティアは管理者が業者をやとって仕事をするのを，ただ見ていればいい。

　ボランティアは，公園の自然のなかに，管理者による管理では「だめ」になっている場所を見つけて，その見立てを管理者に示し，管理作業を申し出ている。

しかしそこは，管理者側では，「予算が間に合わない」という理由で作業が滞っているだけである。したがって，管理者の視点からすれば，「予算さえあれば」できることである。あるいは，どうすれば予算内にできるか悩んでいた場所である。管理者としては，それがボランティアでなされるのなら，予算内でできる。そのため管理者はボランティアの誠実さと実行力を見込めるなら，それを見込んで「協働の回答」を出す。

　第Ⅰ章で述べたことだが，ボランティアは計画を管理者に示すとき，余計なことまで書く必要はない。管理者のほうは業者にやってもらう要領でボランティアに作業をまかせたいだけだからである。それ以外のことは管理者には理解できない。つまり管理者は自分が計画を作り，業者に発注するときの要領しか知らない。公園のあちこちが，利用者が公園に来たときに安全で快適に過ごせるかどうか，それを管理者は考えているだけである。それが管理者が考えているすべてである。

　このことにかかわらないことは，ボランティアは提案書に書く必要はない。書いたとしても，それは管理者にはわからないことである。無理に書くとあやしまれて，かえって通る提案も通らない。提案書には，あくまでもそれをすれば利用者が快適に過ごす場所が今より増える，ということのみを書けばいい。そしてそれはうそを書くことではない。利用者が快適に過ごせる，ということは事実だから。

　わたしが言いたいことは，ボランティアによる自然の管理にはプラス・アルファがあって，それは管理者の視点の外にある，ということである。それは管理者

の視野の外にあるままで，なんら問題ではない。

　では，それは里山風の管理をボランティアが公園でする，ということだろうか。里山の自然管理は，そこのなりものが，野生の生き物とのかかわりを保って「成る」状態を目指すものである。そういう管理がなされれば，公園の自然も，複雑に相互の関係を織り成している生き物の関係を取り込んで，良い状態になると期待できる。

　しかしボランティアは，公園の自然のなりものに暮らしを依存しているわけではない。それほど真剣に毎日の暮らしの一部に作業を取り込んでボランティアが行うことは，ボランティアにとって無理がある。ボランティアは里人ではないのだから。

　とはいえ，公園の管理者から見ると，ボランティアは予算のかからない業者であり，少し自然を知っている人間から見ると，里山に暮らす里人に見える作業をする。それはボランティアが公園の自然に手を入れて，利用者が快適に感じるような場所にするために無料で作業しているからであり，同時に，その作業が業者の作業がもつ画一性をもたないために，その場所に見られる生き物のようすが，ほかの公園では見られない独自のものになってくるからである。

　しかし，言い方を換えれば，どちらにも似ている，ということは，どちらとも違うのである。造園の業者に見えて，造園業者ではなく，里人に見えて，里人ではない。

　ボランティアの立場は，命のつながりまで配慮できる立場なので里人の立場に似ているが，同じではない

し，利用者の快適さにも配慮するので，管理者や業者にも近いが，やはりそれと同じではない。

ボランティアの手で行う作業

ボランティアが管理者に見せる提案は，その作業内容を含めて業者の尺度で言えば「素人くさい」作業レベルである。実際の作業の正確さやスピード，効率のほうは，まったく業者の最低レベル以下である。それでも管理者から見れば，まったくやらないよりはましである。当然，管理者からは事実上，作業について，その程度の評価しか受けられない。

それでかまわないわけである。ボランティアは管理者に気に入られる業者になる必要はないし，目的はそんなことにあるのではない。業者にはできない作業，しかも里人にもできない作業をするのがボランティアである。

ただし，ボランティアは管理者から許可を受ける必要もあって，利用者から小言くらいはいいとしても，大きく問題にされるような作業は慎まなければならない。そのために花木については剪定の時季を，園芸種の草花についても勉強して作業を加える時季をあらかじめ知って，それを守る必要がある。このあたりは里人がしない作業である。

しかし，それも大まかでかまわない。何しろ素人であることは，管理者もわかっている（玄人扱いするならお金を払わなければならなくなる）ので，作業を，きっちり正確にどこかの本に書いてある通りにする必要はない。つまり花屋さんのように，花を地面や枝に並

べる必要はない。いくらかは不ぞろいで，別の植物の陰になっていてもいいのである。

　業者のやり方は，花屋が花を飾って見せるように花木を手入れする。それが業者の従うべき規格だからである。見た目に華やかである。管理者も支払いの金額相応の満足を覚える。一般の人たちも同じである。しかしボランティアの作業はそうは行かない。またそうすべきでもない。業者と同じことをするなら，その仕事はボランティアの仕事ではなく，無料の業者の仕事でしかない。むしろ紙の上には書き残せないような微妙なところで，ボランティアの作業は業者の作業とは異なる必要がある。それは作業のつづく時間を経て，ゆっくりと，気づかぬうちに，大きな変化になっていくものである。

　それが何かは，この本の後半で説明したい。とはいえ，何も言わないでは話が進まない。しいて言えば，ボランティアの自然管理の基盤となる感覚は，なりものを作る里人の感覚に似ている。「自然の声」を聞いて，それにしたがって細かい手加減を加える，ということである。無駄な時間をかけたり，無駄なことはしないが，必要な時間をかけるし，そのために仕事の効率など無視できるのが，ボランティアである。

Ⅲ

自然を伝えるボランティアとボランティア組織

自然観察の案内

　環境管理の作業をするボランティアは，ごく最近になって認められてきたものだが，観察案内については，日本で「ボランティア」ということばが知られる前から「観察会」という名前の同好会のような在り方でむかしからある。自然の生き物を無料で教えることは，知っていることを教える楽しみ，教えられた人が喜ぶのを見る楽しみに支えられて，続いている。

　自然の生き物の名前を知らない人は，その生き物が目前にいても目に入らない。野鳥，昆虫，両生類，節足動物，クモ，爬虫類，魚類，貝類，カニやえび，といった動物から，コケ類，シダ類，樹木，草本，きのこ，などなど，教えられて，はじめてそれが目に入ってくるものである。すると公園を見る目が変わる。草も，名前を教えられれば，草むらのなかにいろいろな違いが見えてきて，いわば単色だった景色が，立体的に，多様に見えてくる。風景の楽しみ方がこうして何倍にもなる。

　ところが身近なものであればあるほど，教えてもら

う機会を見つけることが今日ではむずかしくなっている。むかしは，必要なだけ身近な人が教えることもできた。しかし今では自然が遠ざかり都会の生活では覚える機会を失っている。だから，観察案内が気軽に，たびたびあちこちで行われることは，良いことに違いない。

　その場に居た生き物を持ち帰る人が居れば，その場の自然は破壊される。また資材が持ち去られたり，あるいはあまりに多くの人によって土地が踏みつけられれば，たしかに土地の自然には脅威となる。しかしそういう被害がなければ，観察案内は土地に変化をあたえるものではない。土地の所有者も，観察案内は団体が土地を通過する程度に受けとめる。

　ところで公園の管理者は，公園の存在意義を公共的に問われる立場である。つねに公園を利用する人が一定程度は確保されていることが必要である。一方，公園が休息の場に利用されるだけでなく，学習の場としても利用されることは，明らかに公園の利用度をあげることである。管理者にとって，それは喜ばしいことに違いない。

　とはいえ，この利用の仕方は，公園が無料で開放されていれば，とくに利用者が利用の目的を申し出る必要はないことなので，管理者は環境学習の利用について知る機会が生じない。管理者側では，できれば教えてほしいことだろうが，相手から接触がないかぎり，教えてもらえない。

　公園が有料なら，団体料金の適用とか，その他のことがあって，自然観察のための公園利用について，団

体の予定や結果を管理者は知る機会を見つけることができる。とくに定期的に利用したいという申し出があるときには，公園側でも告知すれば，公園に来るひとをもっと多く呼び込めるし，案内する側も参加者を集めたいので，公園が窓口で観察会があることを告知してくれることは，大歓迎だ。

ということは，観察案内のボランティアは，公園の管理者との間に明らかな双方利益（ウィン・ウィン）の関係がある。公園は市民の利用を増やすことができるし，観察会の主催者は参加者を増やすことができる。だから，もしもそういう認識をもたない管理者が居るとしたら，担当者として単なる認識不足に過ぎない。

里山の疑似体験を教えるボランティア

公園に，自然が豊かにあるとしたら，そこでは里山で生活の一部だったことのまねができる。切り落とした枝が太ければそれを使って何かを作ることができるし，竹があれば，さまざまな工作ができる。炭焼きができるところもあれば，畑や田んぼで野菜づくりや米づくりができるところもある。しかしこうした体験型の行事は，参加者がふだんは使い慣れていない道具を使うこともあって，多数の指導者が必要になる。一般の公園の職員の数ではとても対応できないことである。

したがって，公園としてはそういう行事ができる敷地をもっていても，安定して行事を開催するための指導者を確保できない，ということだけで，行事を計画できない。じっさい，そのために職員を雇い，それに応じただけの行事の数を年間を通して組むには，無理

がある。行事の実際の開催日にだけ必要になる行事指導者の数が，そのときにだけ，どうしても突出して多数になるからである。行事内容にもよるが，まず五人の参加者に一人の指導者が必要になると考えていい。しかも雨でできなくなる行事が圧倒的に多くなるので，そのために人を雇うことなど，公園としてはとてもできない。

　したがって里山の生活の一部だったことを体験するような，あるいは昔の子どもの遊びに近いことをする行事を行うことは，公園職員だけではとても無理なのだ。また観察行事であっても，地面を掘り起こしたり，何らかの作業をともなう行事であれば，やはり少ない人数では対応できない。

　ここでもボランティアが，多数，必要になる。またそういうボランティアが安定して活動してくれることになれば，公園の利用度はさらに上がることになる。しかし，そのためにはボランティアが一時的ではなく，永続的に安定して活動できなければならない。それには，複数のボランティアが互いに情報交換して，継続する組織をもつようにならなければならない。ボランティアが活動にやりがいを感じ，そのために楽しく，また管理者とも意思疎通がうまくできるように，組織が機能する必要がある。さらにそのようすを見て興味をもった人が，その活動に新たに加わることができるように，外に向かっても，わかりやすい組織がつくられる必要がある。

管理者が求めるボランティア

　二つのことを理解しなければならない。

　一つは、一般の人間がボランティア組織に入ろうとするとき、その組織に期待することがなにか、ということである。というのも、それに対応するものがボランティア組織にないと、新たな参加が期待できないし、参加した人も、参加しなくなり、活動が継続しないからである。

　もう一つは、管理者側の問題である。

　管理者は、自分たちからボランティアを求めるとき、自分たちに都合のいいボランティアを求めてしまう。そして勢い、業者扱いができる人を求めがちである。ところが、管理者がそのつもりで声を上げたとき、それに応じてやって来るボランティアは、管理者側の求めに気づいて、逆に、甘い汁を求めてくる。つまり給料は求めない代わりに「小遣い」を求め、暇な時間を埋める「遊び場所」を求めるのである。

　こういう人たちに接すると、管理者はいっぺんにボランティア不信に陥る。しかし、これは管理者側が「ボランティア」の意味を理解していないから起こることである。そもそも管理者が、「作業を無料でしてくれること」に魅力を感じてボランティアを求めることが、間違いのはじまりである。ボランティアを始める動機になる相手は、「困っている人」であったり、「困っている自然」なのである。しかし、給料をもらっている管理者は、ボランティアから見て「困っている人」ではない。

　実際、世の中には、身近な自然を知りたいのに知

ことができないで困っている人が居る。転がっているものをゴミにするのではなく，工夫して役立つものにして活かしたいのに，どうすればそれができるのかと困っている人たちが居る。そういう人の役に立ちたいと思って，ボランティが始まる。

あるいは，ゴミ捨て場にされそうなほど放置されて荒れてしまった自然を，生き生きとして気持ちの良い自然の姿に戻してあげたい，と思って，ボランティアが始まる。

言うまでもないことだが，優秀で，それに見合った給料をもらっている管理者は，一般から見て「困っている人」ではない。やりたいことがあるのに，予算がなくて人を雇えないと思って机の前にすわっているだけでいる管理者も，「困っている人」には当たらない。その人のためにボランティアが来ることなどありえないことである。

ボランティアは，その公園の環境が必要としている作業内容を，知ることで集まる。管理者側が「ボランティアが必要です」と告知したのでは，本当のボランティアは集まらない。ではだれが告知するのか，と読者は思うだろう。管理者が告知すれば，管理者の求めに見えるし，それを見た人は「ひとを雇えばいいだろう」としか思わないからである。

ボランティアの組織運営

ボランティアは，ボランティアによってしか集められない。一般に，人はボランティアでなされていることを見て，それに促されるか，ボランティアでなされ

ていることを見て，ボランティアにできることを知り，自分がしたいことがそれと一致するとき，ボランティアに参加する。これ以外に，本当のボランティアが集まる条件はない。

　したがって，ボランティア活動が多数のボランティアによって継続して実施されるために必要なボランティアの組織は，ボランティアによって始められる必要がある。その組織は，作業がボランティアでできることを伝え，その作業が，困っている人や困っている自然のために役立つことを伝える必要がある。そしてすでにボランティア組織に入っている人には，実際に役立っていることを伝え，作業の予定を知らせる必要がある。

　ところが，そのために，どうしても事務作業が生じる。作業は計画されなければ，その予定を知らせることはできない。しかもその計画は，管理者にも「良いもの」だと認識できるものでなければならないし，作業に参加してもらうボランティアにも，その良さを理解してもらわなければならない。この計画を立てること，管理者と協議すること，ボランティアに伝えること，これらの仕事はだれがするのか。

　この仕事は，通常の公園管理運営とは違う性格をもつ。すでに述べたように，公園の管理運営は，管理者と業者の組み合わせである。一方が計画を立て，他方が実施する。指示するものと指示されるものの関係だから，上下関係である。むずかしい言い方をすれば，この関係はお金で支払われる（買い取られる）関係である。

それに対して，ボランティアは，困っている人や困っている自然に気づき，その困っている内容を，人や自然に共感することで知り，それを人にも伝え，共感の連帯をつくり，それによって実行されるものである。ここには指示するものと指示されるものの関係はない。上下関係がなく，お金の支払いもなく，指示もない。ただ「共感を呼ぶこと」でしか実行されない。しかし人々の「共感を呼ぶこと」ができる人は，そのための教育が公になされることがないために，あまり多くない。

資本主義経済の歯車とボランティア
　資本主義経済の歯車で動く社会の中では，何とかその歯車を工夫して，こうした活動も資本主義の歯車のなかで何とかできないかと考えられがちである。しかし，そのように考えるのは間違いだろう。なぜなら，それは家族の絆をお金で何とかしようとか，友人の関係をお金で買う話と同じことだからである。もともと資本主義の経済（市場経済）は，地球がもっている自然の資産のうえに成り立っている。いわばこんこんと湧き出る湧き水を飲んで人が生きることができるように，地球の自然から多くのものを受け取って，それを売ることで，資本主義経済は成り立っている。

　同じように，資本主義経済の歯車も，家族や友人関係に支えられた人間のなかから労働者の提供を受けて動いている。他方，家族や友人関係は，資本主義経済の歯車が生み出しているものではない。経済活動は，活発になると，むしろ家族も友人も引き離して人を孤

立化していく（仕事で多忙な父親や母親は家に帰れない）ものである。

　現代の生活は，資本主義経済の歯車によって押しつぶされようとしている。だから，この歯車は人間より上にあるように見える。しかし，じつは逆である。地球自然がなければ資本主義経済は成り立たないし，人間が生きていなければ資本主義経済は成り立たない。

　ボランティアの関係は，友人関係である。人との友好，自然との友好の関係で生じるものである。ボランティアに人を誘うものは「共感」であると述べた。そして共感は，友人関係を生じるものである。それは広く地球の自然がもっている「命の関係」である。資本主義の歯車はそれにぶら下がってようやく存在している。だから，ボランティアを資本主義の歯車で支えようとしても，いずれ破綻する。

　逆に，資本主義経済の歯車を命の歯車に変えようとしても，無理がある。お金で買い取られる関係には，命の関係は生まれないからである。命の関係をお金で買い取られる関係に押し込めば，命の大切さは，お金の値段のうちに隠れて見えなくなる。人の心がお金の動きにだけ引き寄せられるとき，相手の心は見えなくなる。ものがもつ本当の価値が値踏みによってあらわになるのは，商品の品質だけであって，自然がつくった命の繊細さは，値踏みによってあらわにならない。

　自然の命は自然だけがつくれるものである。値段の上下は命の質の問題ではない。人間世界にある市場での需要と供給の関係が値段を上下させるのだから，欲望と手に入りにくさのみが，商品の値段を引き上げる。

お金は，人間の誠実さの陰にたくみに隠れた「欲望」によって動いている。たくみに隠れているので，まじめな人ほどだまされやすいのが実情である。資本主義によって理想の世界が生まれるという夢は，ありえない夢なのである。

ボランティア組織の事務作業

ボランティアの組織は友情の絆としてあるものであって，利益を求める企業の組織とは違うものである。したがって，ボランティア組織は企業組織のような組織にはならない。企業の事業のなかで事務作業は「諸経費」扱いで済む。市場活動で稼いだお金を一部そこに回すことが当然できる。事務作業は事業の重要な管理業務に当たるからである。

しかしボランティア事業は稼ぎにならないので，稼ぎの一部を事務作業に回すことはできない。ボランティア事業にも事務管理は必要になる。それは家計簿をつけることや，洗濯，買い物，その他もろもろの「家事」のようなものである。「家の外での稼ぎ」があって，それが家族の必要経費として当てられる。ボランティアの組織でも同じである。「外での稼ぎ」の一部をまわして，その経費を捻出するほかない。

外での稼ぎとは，やはり市場活動である。つまり一般的な稼ぎである。現在，NPO法人を管理する法律では，団体が稼ぎを行い，それをNPO活動に資金としてまわすことが認められている。

しかし，「稼ぎ」のための活動とNPO活動は，質（目標）がまったく異なる。同じ団体のなかで両立さ

せることは，むずかしいものである。理想的なかたちを取れることもあるが，できないことのほうが多い。したがって，多くの場合，ボランティアに参加した会員から集める会費と，よそからの寄付金しかボランティアの組織が頼りにできる資金はない。そしてそのような資金は，組織の経費に使われるように，きちんと整理されて公示される必要がある。内部で不審が生じれば，友達関係もお金でこじれるように，組織は動かなくなる。

したがって，そもそも会議が開かれ，書類が作られ，組織の動きが内部で透明になる必要があり，それが外部にも見えることが必要であり，知らされる必要がある。その作業は，家族の中で家事ができる人間がそれをするほかないように，やはりボランティアになる。もしも資金が潤沢になるようなら，事務員を雇うこともできるが，それを組織の一般的な姿だと見るべきではない。

事務作業がボランティアでないと，事務作業のうちに数えられる作業計画が，ボランティアのものにならないからである。作業は計画にしたがって行われるので，結局，ボランティアの作業者が有給の事務員の下ではたらく姿になってしまう。

ボランティアが有給者の指導を受けることは，作業の本質をボランティアでないものにする。つまり指導は有給者，つまりプロで，作業がボランティアなら，有給の管理者がボランティアを業者扱いすることと同じになる。これではボランティアが管理者との「協働」で作業しても，実質，作業は無料の業者によるも

のになってしまう。

　これではボランティアの意味がない。結局は作業が「無料であること」が，管理者あるいはボランティア組織の事務員にとっての魅力でしかない状態が生じる。管理者ないし事務員が，作業するボランティアに対して理解をもち，気を遣い，自分自身が仕事の領分を越えてボランティアといっしょに作業をすれば別だが，事務が有給でなされると，どんなに表向きは波風が立たなくても，ボランティアは，やる気を失うか，甘い汁を吸いたくなる。

　一般的には，ほかでは得られない知識などをボランティアに提供することで，この不満は封じられている。しかし，ねじれがあることは否定できない。そしてそれはちょっとしたことでボランティアのやる気をくじけさせてしまう。

　したがって組織化にしたがって生じる事務は，家事手伝いのようになされる必要がある。そしてそこで生じる経費は，会費や寄付金でまかなわれなければならない。いずれにしろ，それが原則である。それができなくなるときは，ボランティアは実質，消滅すると見たほうが正確な認識である。なぜなら，ボランティアは「困っている人や困っている自然」に対する共感をもって始められるものだからである。ところがその間に，つまり自分と相手との中間に，事務作業であれ，「困っていない人」が介在すると，ボランティアはボランティアする相手が見ずらいことになってしまう。

　とはいえ，これはボランティアする相手が見えるかどうかのことである。ボランティア側の意識教育によ

って多少は改善できる。有給の事務職員は，書類上の計画の立案についての面倒な部分だけを手伝って，実質をボランティアにゆだねる工夫ができれば，問題はなくなるだろう。また，同じ人間がどれだけ自分もボランティアできるか，ということである。なぜなら事務を担当しないボランティアから見て，ボランティアとして十分に仲間であると共感できる人が，追加的な仕事として事務を担い，それについてお金を受け取る，ということならば，十分に納得できるからである。

Ⅳ

自然を知る

困っている自然を知る

　一般にボランティアは，困っている人，困っている自然のようすを知って何か手助けしたい，という気持ちから生まれる。困っていないのに手助けしようとすることは，おせっかいなこと，かえって迷惑な行為である。

　わたしたちは人間どうし，困っていることがあれば，それを訴えることもできるし，当人がだめでも，他の人がその人の代わりに訴えることができる。でも，自然は声に出して訴えることができない。

　ではどうしたら，自然が困っているかどうか，困っているとしても，そのとき何をすれば手助けになるか，わかるのだろうか。

　これはだれも教えてくれない事柄である。

　たとえば，たくさんの自然の生き物の名前がわかる（同定ができる）人は，一般に自然をよく知っていると見られている。自然の生き物に付けられた名前を知ることは，自然を知る入り口になる。自然について話を聞いたり，話をしたりするためには，その自然物を

ほかのものと区別する名前が必要だからである。

　いったん名前を知れば，それについて他の人が知ったことを，本を通じても知ることができる。でも，名前をつけたのは人間だから，名前を知ることは，かならずしも自然を知ることではない。花の名前を知っただけでは，その花のことがわかるわけではない。そのあとに，それについてほかの人が見つけたことを聞いたり，本で読んだりして，はじめてそれをよく知るようになる。

　しかしたとえば身近なカラスの種名を知って，それがハシブトガラスだとわかったとする。それについて人から聞いて，あるいは図書館で借りた本を読んで，いろいろなことを知ったとしても，道端で見たハシブトガラスが困っているかどうか，何に困っているかなど，はたしてわかるだろうか。

　ところが，自然を見て，困っているかどうか知ることができなければその手助けはできないし，ボランティアはありえない。

人助けとしての自然ボランティア

　相手の窮状を知ることは，人間の場合ですらときにむずかしいことである。部屋で餓死していたことが発見されたニュースがときどきある。相手が知らせなければ人間界ですらこんな状態なのだから，ましてや相手が人間以外のものとなれば，それを知ることができる人はかぎられている。とはいえ，まったく居ないとあきらめてしまうこともない。

　たとえば，海や山で生きる智慧を先人から受け継い

できた人が居る。こうした人たちは，都会の人たちよりも，じつは海や山の窮状を知る方法を知っている。あるいは肌で感じている。そのために必要なことも，ある程度知っている。ただ，むやみに他の人に知らせない。知らせてもむだと思い勝ちなのである。都会人をその点では信用していない。「物知り顔」の都会の人には何を言ってもわからない，と考えている。

　さらに，都会人が人をだまそうとしているわけではないことはわかっていても，知っている人間のほうに，説明する「ことば」がない。知っている人間が示せることは，その問題部分を「それ」と言って指し示すことができるだけである。指差されたほうを見て，その意味がわかる人にしか，話は通じない。自然を知らなければ，そもそもどこを指差しているかわからないし，たとえそれがわかっても，どこが窮状になっているかわからないのである。

　さらに，自分ではわかっている人が説明の「ことば」をいくつかもっていたとしても，言う気にならないのは，その窮状を打開するために必要な作業が，じつは都会人が想像するよりはるかに大変だからである。それを聞いたら，あきらめてしまうだけなのがわかるからである。ちょっとした空き時間でできることではない。ほとんどの人が生活を真反対に変える覚悟が必要になるほどである。田舎暮らしでそれがわかる人間にすらできないで居ることを，都会人にできるわけもない，と思ってしまうのである。

　こうして沈黙が支配する。

　とはいえ，いくらかでもできる道はないか，と言え

ば，それは少しずつ開けてきている。山や海に生きる人たちが，今では都会の人にボランティアを依頼することが少しずつ出てきているからである。都会人が山や海を助けるボランティアである。山や海が荒れて困っているが，若い人手がなくなり困っている状態がある。直接には人助けだが，それでも頼んだ人たちは，自分たちの生活の糧を提供してくれている自然の窮状を知っている。

　頼んだ人たちは，自然を見捨てて，ほかに移って生活保障で暮らすことはできる。その意味ではボランティアは要らない。しかし，その人たちは故郷を見捨てることもできず，最近社会の中に広がってきたボランティアの中間支援組織に依頼する，ということをし始めたのである。

　自然を助けるとはいえ，このときボランティアは，直接には農業援助や林業援助，漁業援助をすることになる。しかし，現地の人は，それによって余裕のできたところで，作業が繊細であったり，力のいることであったりと，素人にはむずかしい自然の保全活動を陰ですることができる。たとえば農薬を使えば人手を減らすことができる作業を，それを使わずにやることができたり，ということである。

　あるいは直接の保全活動になることのうちで，素人にもできそうなことをボランティアに依頼することもある。そのときには，ボランティアも自然のためのボランティアの一部を担うことができる。しかし，その場合でも，そこの一円の自然のなかで，自分のしたことがどのように反映していくかを都会人が実感するこ

とは無理である。

　自然は日夜動いている。最近は人間の施設でも一日二十四時間フル稼働をうたう施設が増えた。しかし，自然はもともとフル稼働である。わたしたちが見ていない間も自然は生きて動いている。人の手が入ると，その分，動きが変わる。人の体も病気のとき，よい手当てを加えると治り，正常な動きになって，動き続ける。同じことが自然についても言える。よい手当てが加えられたとき，自然は混乱を増し加える動きからもとにもどって，本当の自然の力を発揮できるしかたで動き出す。

　それがわかるかどうか。わかるためには，そこの自然の変化のなかで，その変化，動きを実感できる暮らしをしていることが必要である。その空間のなかに居ても，自分の暮らしがそれと離れているなら，やはり変化を実感することはできない。空間的距離の意味ではない。一番大事なことは意識である。命の関係で結ばれた関係が意識できなければ，そこに居合わせていてもわからない。もちろん実感できないと，ボランティアのやりがいは依頼人の喜びを知ることでしか得られない。しかも依頼人は，自然が助かったことを，必ずしも自分自身が助かったように喜べるものでもない。だからボランティアの喜びは，人助けとしては中途半端な思いにとらわれるかもしれない。

　しかし，この事情は真実だから，だれが悪いのでもない。自然を知る暮らしがなくなっている現代では，ボランティアにも限界がある。自然のボランティアと言っても，通常，自分が自然の窮状を認識できない場

合は，作業するとき，それがわかる人に頼るほかないのである。

自然を知る基本

とはいえ，原則すらわからないとなると，暗闇状態である。自然が窮状にあることも，それを知っている人に教えられていながら理解できないままなら，作業しても，自分の作業の意味はまったくわからない。ボランティアで何かすることに関心を一時はもったとしても，自然という相手が見えないままなら，結局は何も体感できずに終わってしまうだろう。

とはいえ，あたりは闇のままであるとしても，夜空に小さな星か月が見えているなら，せめてもの救いになる。自分がなぜ生きているかもわからなくても，そういう愚かな自分を，星や月が静かに見守ってくれている気分になれれば，何も無いよりはましである。人がたとえ愚かでも，自然は人を生かしておいてくれる。それと同じように，自然の基本を知っておけば，自分のボランティア作業の意味が，しかとはわからなくても，自然がそれを静かに受け止めてくれるのを感じることはできる。

自然の生命のすがた

一般に知られているように，地球自然は四十億年に及ぶと見られる長い歴史の結果である。ベースになっているのはバクテリアと呼ばれるきわめて小さな生物である。太陽光をとらえて生命のエネルギー源をつくる葉緑体も，バクテリアの世界に存在する。エネルギ

一源があれば，それを使って生命は生き続けることができる。だから，葉緑体が仲間に居るのなら，バクテリアだけで地球自然の生態系はとりあえず存続する能力をもっている。

　では，わたしたちのような大きな多細胞生物が地球上に存在する意義は何だろうか。地球自然にとって，ライオンも，人間も，草木も，バクテリアが作ってくれているふかふかの布団の上で遊んでいる子どもに過ぎないのだろうか。あるいは不要なお飾りだろうか。不要だから意味もなく生きているのだろうか。それとも，なくてはならないものなのだろうか。

　人間が生きる意義は，神が教えてくれるものなのだろうか。信仰というものがないものには，わからないままなのだろうか。人間を生み出して，今でも活発に生きて活動している地球自然全体から，その答えを引き出さなければならない。「信じる」ことを知らない赤子も「生きている」のだから。しかも，生きているのは人間だけではない。微細なバクテリアに至るまで，立派に生きている。「生きている意味」は，人間だけが知りうるものではない。

　そうは言っても，暮らしのなかで感じることができないバクテリアの生き様まで考えて，わたしたちが「生きている意味」を見つけることはできるだろうか。じっさい，現代科学をもってしても，バクテリアが全体として何をしているか，まったくと言っていいほど，じつはわからないままなのである。

　わたしたちがかろうじて知りうる世界の大きさのものにかぎって考えよう。大体肉眼で見える世界である。

しかしこの世界のなかにかぎっても,生物は太陽光からのエネルギーを必要としている。そのエネルギーを生物が利用できるエネルギー源に変えている仕事をしているのは,植物がもつ葉緑体である。植物は葉緑体をその体に宿している。植物からエネルギーを得て,動物は生きている。植物は動物が必要とするほかの栄養物も,自分の必要もあって集めている。そしてそれ以外のミネラル分は,動物も水の中や土のなかから探し出して手に入れている。とはいえ,ほとんどの栄養は,植物から提供される。したがって,わたしたち動物にとって,大事にしなければならないのは,まずは植物である。

植物の光合成と太陽の光

植物がわたしたちを養うためにしていることは,光合成である。太陽光のエネルギーを生物のエネルギー源に変換する仕事である。それがなければ植物自身も,動物も生きていけない。植物はそれ以外の重要な仕事をたくさんしていると考えられるが,今はこれだけを考えよう。これだけでも,わたしたちが自然を知るために必要な生き物の関係を知ることができるからである。

ところで,光合成のためには,太陽光と二酸化炭素と水が必要である。太陽光線のなかでどの波長を利用するかは植物の種類によって微妙に異なるが,いずれにしろ,光合成の場である植物の緑色部分(葉緑体)が太陽の光を直接に浴びる必要がある。わたしたち人間のように,周囲が明るければ何かの陰でもいいので

はない。

　実際わたしたちが「明るさ」を見ているのは，基本的に反射光である。わたしたちの視覚は，太陽の光を見分ける能力ではなく，太陽の光に「照らされたもの」を見分ける能力だからである。太陽光を直接見分ける能力は，ほとんどわたしたちにはない。そもそも動物は光合成をしない。光合成に必要な光を見分ける必要がないのだ。たとえばもしもわたしたちが太陽の直射光を白い色で見ることができるとしたら，海水浴の浜辺は濃い白色で埋まってしまい，ほかは何も見えなくなってしまうだろう。動物のもつ視覚の役割は，照らす光を見分けてそれに当たることではなく，光に照らされたもののなかから食べられるものを探すことである。

　これに対して，光合成のためには太陽の直射光が葉緑素に必要である。たとえば樹木の葉は，直接に太陽光を浴びるか，ほかの葉が取りこぼした光を浴びなければ光合成の仕事ができない。自分本来の仕事ができないと生物はその能力を失ってしまう。人間でも使わない筋力は衰える。あるいは元気を失う。同じように，茂らせた葉が太陽の光を浴びることができないと，葉はしおれるか，弱る。体が弱れば病気にかかりやすくなる。

太陽の明るさと月の明るさ
　太陽からの直射光はさまざまなものに当たって反射して日中を明るくしている。葉の緑も，葉が光合成の仕事に使うために取り除いたあとの光が反射して見え

ている光線の色である。だから，秋の紅葉は，葉緑素がなくなったとき，光合成に使っていた光も使わずに反射することになってはじめて現れる色なのである。つまり夏の葉の緑と，秋の葉がもっている赤や黄色の葉の色の違いは，光合成のはたらきがあるかないかのギャップなのである。秋の紅葉の美しさに驚いているわたしたちは，夏の間の光合成のすばらしさを知らずにいたことに驚いているとも言える。

　しばしば人間は木陰で本を読む。本が読めるのだから十分に明るいと思う。そのため人間は，植物にとっても，そこは十分に明るいはずだと思い込む。これが誤解のもとなのである。人間は植物が光合成をするために受けとめる光を見分ける必要をもたない。人間には，その光はまぶしいだけの光である。植物から見れば，人間は光の全盲か色盲の生き物である。

　わたしたちが植物にとっての光のようすを知る手段は，満月の夜しかない。月光はすべて太陽から来る光の反射である。そのため，わたしたちにも見ることができる。なおかつ月は遠くにあるので，わたしたちの周囲に月光は太陽の光のように，まっすぐに降り注いでいる。日中の太陽の光の当たり具合が，夜間の月光の明るさのようすからわたしたちにも判断できるのである。

　満月の夜，わたしたちは木陰が暗闇になるのを見ることができる。この状況が，日中の太陽光のうち光合成に利用される直射光がつくっている「明と暗」である。月光に淡く浮かんで見えているところは，日中でも十分な光が注いでいるところであり，闇になるとこ

ろは、ほとんど届いていないところである。だから、月夜の晩は、わたしたちが植物の世界を見ることができる貴重な時間である。日本人が月をめでて来たのは、案外、日本人が植物に依存する生活文化を持っていたからかもしれない。

植物と動物

　樹木は葉をできるだけ大量に茂らせればそれだけ元気になる、ということではない。多すぎる葉は取られたほうが助かるのである。互いに葉が重なってお互いの仕事を邪魔していては、光合成の仕事ができなくなるからである。では、だれが重なってしまっている葉を選んで摘み取るのだろうか。

　この仕事をするのが動物である。葉を食べる虫は、大量にわいて葉を食べ、増えすぎた虫は、鳥たちが来て食べる。こうして適度な数の葉が残る。虫の力が足りないところでは、サルやリス、その他のげっ歯類が葉を食べる。こうして樹木は、適度な量の葉をもつことで元気になる。もしかしたら、自分のお陰で動物たちが生きている姿を感じ取って、そのことでも樹木は元気になっているのかもしれない。わたしたち人間が他の動物にえさをやりたくなるのも、命がもつ同じ衝動かもしれないのである。

　草も同じである。草地は放置されると、生長の早い草（特定の種類）だけが草地全体を覆って、ほかの草が太陽の光を浴びることができない状態になる。そうなってしまうと、その場所の草の種類は生長の早い草のみに単一化する。しかもその草は丈が高くなってい

るので，草食動物も，鳥たちも，肉食動物が隠れているのではないかと怖れて入れなくなる。

　草もお互いに邪魔しあって空気がよどむ。光合成に必要な二酸化炭素は大気中に微量にしか存在しない。たったの0.03パーセントである。空気の流通が悪くなると，同種の草しかないこともあって病気が蔓延しやすくなる。あるいは特定の種類の虫しか繁殖しないために，その虫だけが増えてしまい，その虫が暴徒のように周辺を荒らす，ということが起きやすくなる。

　自然状態では，草食動物は生長の早い草が太陽の光を独占する6月頃に，成長期の子どもをもつ。大食漢の子どもを連れ，群れでやってきて，大量に草を食べて行く。彼らの多くは，根元まで食べない。下のほうを残して移動して行く。食べられた草も，根こそぎ食べられず，再び生長する。

　そして丈が高くなった草の陰で生長できずに居た草は，自分に覆いかぶさってしまいそうになっていた草がなくなり，太陽の光を浴びることができるようになって生長する。生長する草の種類が飛躍的に増加する。そして捕食動物は，草食動物が増えすぎないように，彼らを捕らえる。こうして適度な量の草が適度に残り，適度な状態で（多様な種類の草で）草地を構成する。

　自然はこうして美しく存続してきた。

　40億年の生命の営みの末に，植物が動物を育て，動物が植物の環境を改善し，いずれもが生きていくことができる自然がつくられてきた。植物が勢い良く生長し，動物が選んで食べ，動物も，自分がほかのものに選ばれて食べられる，そういう生活が複雑に組み合わ

されて来た。人間は，あるときから，自分が利用する穀物や魅惑的な植物以外の植物にたいして無関心になり，不快な虫が増えると薬をまいたり，他の動物を寄せ付けなくしたり，逆に不要な動物を入れたり，機械で植物を切りすぎたり，土地に建造物をつくってしまったり，さまざまな乱暴をはたらいて破壊してきた。

　したがってこの種の人間の営みを無くして，反対に，人間の営みがこわしているものを取り戻すことができれば，自然は美しく復活する。草食動物がする仕事が人間のせいで止められているのなら，人間がその代わりを引き受け，捕食動物が居ない動物が居るのなら，捕食動物の代わりに人間が捕食しなければならない。人間がボランティアで自然を助けたいと思うとき，この知識が必要である。

自然を見習う

　自然の営みが本来，そんなふうに行われてきたことを知れば，時に草を刈り，ときに枝を折り，ときに植物のなりものを取って食べ，太った根を食べるために地面を掘ることも，自然の営みであることがわかる。逆に，それをしないことは，自然ではない。人々がにぎわうなかで自然地を放置することは，その場所を自然界の営みに任しているのではなく，人間が動物を追い払い，不自然に動物を囲い込んでいるという乱暴を，見て見ぬふりで放置しているだけなのである。

　ボランティアは，本来ならそこにはどんな動物がやってくるか，と思わなければならない。そしてそういう動物たちの目線をまねることが必要である。たくさ

んの種類の動物が居る。小さな昆虫なら，都会の公園にも人間の制止を振り切ってやってきてくれると考えていい。空を飛ぶ野鳥たちも，空から自分たちの食料を見つけて来てくれると期待できる。しかし，四足の動物たちは，車の走る道路や，建物や，人工の照明など，数々の障碍に止められ，追い立てられて，都会の中の土地にやって来ることができない。

　猿，リス，ネズミ類，鹿，猪，狐，狸，熊，等々である。場所によっては人間の居住地にも入り込む動物たちが居るが，彼らが見つけるものは，すでに人間の占有物になっているものばかりである。騒ぎたてられ，野生の仕事をうばわれて追い払われる。あるいは撃ち殺される。野生の仕事，つまり植物の生長がその場所でもっともふさわしいものになるように，植物を食べ，植物の生長環境を良好にする，という天から与えられた仕事のほかに，野生の動物は，なすべきことを知らないのである。

　人間はその仕事を捨て，畑をつくり，畑のなりものを独占する。そういう仕方で人間の文明は生まれた。それは，自然のルールを否定するものだった。人間は所有する。所有によって優劣をつける。自然は所有という独占を認めていない。自然界では，それぞれの動物は，自分が食べるものに注目して生きることで植物の生長環境を整えている。食物を見つけたものが，自分にできる範囲でその食物の育つ環境を良くするために，食べるものを選んで食べることが，どの動物にとっても，「生きること」そのものである。自然界には，他者を支配して君臨する種類は居ない。偶然のなかで

自分が生きるための仕事を見つけたものが、食べて生きているだけである。

　猿は木に登ってあたりを見て、食べる葉を選ぶ。あるいは食べる果物を選ぶ。折り取る枝を選ぶ。リスも同様である。だから、猿もリスも来ないところでは、ボランティアは木に登って彼らの目線を共有して植物の生長に必要な作業を加えなければならない。あるいは、イノシシが来ないところでは、根に芋をつくるツタが木に絡んでいるのを見つければ、絡んだツタをはずし、何とか根っこを掘り出してやるつもりにならなければならない。草地についても、鹿などの群れがやってくる頃を見計らって草地に入り、彼らの食べ方を見習って草を刈らなければならない。

　人間が追い払っている動物の仕事を人間がしなければ、追い払われている動物がつくっている自然は元に戻らない。しかしそれさえできれば、自然は元に戻るのである。そのために必要なことは、ただひたすら自然をまねることである。自然は独占せず、市場経済の論理で動かない。自分が食べる植物が、あるいはときには動物が、より良く生長することができるように、食べるものを選んで食べる、ということが野生の仕事である。それをさまざまな種類の動物が、それぞれの個体が出会う場所で、果たしている。

　だから自然を取り戻すための仕事は、お金にならなくても不思議ではない。それは人間社会だけに益をもたらす仕事ではないし、市場経済にのっとった仕事でもないからである。むしろ自然を市場経済から切り離す仕事であり、人間の所有から自然を取り戻す仕事で

ある。

　だから自然を取り戻すボランティアの作業は，文明社会の通常の視点では理解できない営みである。自然を自然自身の視点から理解する営みである。この営みは，当初は失敗続きかもしれない。だれも教えてくれないことも多いことだから失敗があっても仕方ない。しかし自然はそれを鷹揚に受けとめてくれる。人間界は理解する視点をもたないが，自然は人間の失敗を理解してくれる。しかし，その自然の鷹揚さに甘えずに，自然をまねる仕事を見つけ，覚えていくことが，自然を取り戻すボランティアに求められる仕事なのである。

V

自然と共生する経験

教科書と体験

　自然にならって自然を取り戻す作業を行うことは，実際には，自然のなかで行われている命の刈り入れを行うことである。草を刈り，枝を切り，葉をむしる。それは心の痛みをともなう。市場経済のなかで人は自分の利害関係の外にある自然に対しては，せめてやさしくありたいと望み，「手を下す」ようなことはしたくないと思っている。だから，実際の場面になれば，不慣れを理由にそれを遠ざけるか，別の人に依頼する道を選ぶ。

　都会人は，教科書のなかに食べるものと食べられるものの関係が図示されているのを見た覚えがあっても，食べ物はお店で買ってくるだけを望む。直接に命を奪う場面をつくる行為を避け，死に出会うことを避けるのである。あるいはテレビの映像で弱肉強食のイメージを与えられても，それは頭の中だけの「物知り」程度にとどめておきたいと願う。

　本を読んで学ぶことは，テレビの映像と同じである。自分が直接に体験することを避けつつ，頭だけで知る

ことである。頭だけにでも残れば，その記憶で他者との楽しい語らいはできるからである。しかしそれは実際に学んでいるとは言えない。自分の生死とは無関係のところで自然の営みを学んでも，身体を通じて学ぶことにはならない。

　自然を学ぶためには，むしろ反対に，本で学んだことでも，それを自分の体験に想像力で結び付けることが必要である。ウサギが鷹に食べられると本で読んで知ったなら，ウサギになったつもりで草を食み，ふいに鷹に襲われて死ぬ瞬間を，想像力で自分の体験にできなければならない。そうしなければ自然をまねる学びはできない。そしてその想像力を養うためには，草地で草を刈る場に身をおく必要がある。

　草も生きている。ウサギも生きている。ウサギは自分の口に合った草を探して食べる。そういう種類の草は，ウサギに食べられても減らないだけの繁殖力をもっている。むしろ食べてくれるウサギが居なければ，自分の仲間が多すぎてその草が窒息する環境になってしまう。だから，草は，食べられたくないことと，食べてもらわなければ困ることが，いつも半々で生きている。ウサギはそういう草を選んで食べている。

　そしてそうすることを日常とすることで，ウサギは自分も，鷹に取られて食べられたくはないけれど，食べてもらわなければ今度はウサギが増えすぎて，ウサギが食料とする草が食べつくされて困ったことになることを，膚で感じて生きることができる。つまりウサギに食べられる草が，食べられたくないと同時に食べてもらわなければ困る，という半々の思いで生長して

いるように，その草を食べるウサギも，同じく，半々の思いで跳びはねているのである。

　これが自然のなかの生活であり，生死である。死を怖れ，この単純でない生死の世界に生きることをやめたのが文明人である。文明人には自然の世界が理解できない。それを語ることばも，持ち合わせていない。読者のなかには，野生のウサギは頭が小さいのだからそんなことを考えるわけがないと，一笑に付す人も多いだろう。擬人化するのは非科学的と見て，ひるがえって自分の科学的客観性を自慢するのである。

　しかし科学が自然を学ぶのであって，自然が科学を学んで今日があるわけではない。いまだ科学が未完成にあることから知られるように，科学のことばは自然を学ぶうえでつねに不足している。自然は科学にとって偉大な教師であって生徒ではない。そしてだめな学生が偉大な教師からどんなに繰り返し教えられてもなかなか学ぶことができないように，わたしたちは自然を学ぶ力をもてないでいる。

　自然界の生物種は，どれも自然が生み出した智慧である。カラスもイタチも，サクラの花も，じつは自然の智慧の塊である。どれもが天才なのである。人間が自慢げに科学を語っていても，その部分は，人間の脳のなかの一部に過ぎない。人間の脳のはたらきの大部分は，科学のことばをもたない。人間の脳の全体は，無意識の領域を含めて身体の全体にかかわっている。この「脳の全体と身体の全体」は，自然が生み出した智慧の塊である。その身体全体で人間が学ぶことができるものは，人間が自然の一部となって自然から与え

られた使命を果たすために必要なことのすべてである。人間は，偏見を捨てれば，自然の一部になるための智慧を自然から学ぶことができる。身体全体を通すことではじめて人間は，脳の力すべてを使って，自然を学ぶ智慧をもつことができる。

　しかし反対に，そういう仕方でしか，自然の智慧，すなわち自然界の生死を学ぶことはできない。人間が意識のうえで死をおそれていても，身体の全体，つまり脳の全体は，そんな幼稚な意識にかかわっていることはできない。つまり死を怖れるような文明人の意識のなかでは，自然を知ることはできないのである。その意識をものともせず，身体全体にかかわる脳の全体は，草を刈るその刈り場で，身体の全体で，食べることが食べられることにつながっている，その道理を学ぶことができる。そして自分の命も，そのときはじめて自然の一部であることを，体感することができる。

　教科書ではなく体験から学ぶとは，そういうことを言う。土に触れることで，土に返ることが幸福の一部だとわかるなら，人は自然の一部になれる。

実施することに自信をもつこと

　自然の営みの基本をことばで聞いたとしても，実際にそこに踏み出すことは，体験によって得られる自信がなければできることではない。ところがその体験は，実際に作業することでしか得られないものである。しかも，それは命を刈ることである。そうなると，いったいどういう時点で最初の体験をもつことができるのか，と悩ましいことになる。

これは，医者がはじめて致命的問題にかかわる手術で執刀することと同じ課題かもしれない。人間の体も一人一人違う。はじめて見る内部の状態を見て，どのようにメスを入れていくか，患者の生死がかかると同時に，その体験を繰り返さなければ，医者の執刀の技術も上がらない。誠実さと度胸のいる作業である。
　とはいえ，医者の立場よりはずっと気楽でいいのである。相手が自然なら，法律上の問題までは起きない。小さな地面でも，自分しかかかわりそうにない場所があって，なおかつ，毎日のようにかかわることができれば，その場所がすべてを教えてくれる。
　季節にかかわる基本にしたがいながら，一見して多すぎると思われる草をむしってその後の反応を見る。草をむしるのは，むしったあとがきれいになれば，ということではない。がむしゃらに草をむしってきれいにしただけのところは，人為でつくられた場所でしかない。野生動物は，食べるものを選ぶ。草の芽を選ばないむしり方はご法度である。そして選んでむしり，多すぎるものを減らすだけで，草むしりは終わりである。野生動物は，自分が生きるために食べる草ですら，すべて食べつくしたりしない。動物はそこを未練もなく去る。残った草の芽に未練を感じることなく去るのがいい。そうでなければ自然を学ぶことはできない。
　数日後に来て見ると，同じ草がやはりたくさん生えているのを見る。それでがっかりするようでは自然を学んだことにならない。自然のその再生能力こそ，たくさんの生き物にえさをやり，育てている力だからである。自然の再生能力は，人間の身体にも受け継がれ

ている能力である。同じ草がまた茂っているのを見ることは，全身全霊で喜びを感じるべき光景である。食べ物が知らないうちにたっぷりと生長しているのである。取り去らなければならないゴミが増えているのではない。

　再び同じ動物が食べに来たことを思い描きながら多すぎる草を適度にむしる。草を選ぶことができれば，もはや草むしりを自然破壊などとは思わなくなる。むしろ自然の大きな力に圧倒される経験をもつことができる。

　もちろん，とくに新芽は見分けにくいものである。選び間違いにあとで気づいて後悔することもあるだろう。でも，そのことで食って掛かってくる人が居ても，自然自身は無関心である。気にはなっても，そのことで学ぶことをやめては，その失敗の意味もない。さらに進んで学ばなければならない。失敗は気づけば多くのことを教えてくれる。

　しかも，草むしりも適度につづけていれば，今まで見たことのない草が地面から生えてくる。そしてその変化に驚くことになるはずである。もちろん，その草は新たな脅威かもしれない。ただの雑草か外来種かもしれない。それでも，生態系に新たな展開が起きているのだ。同じように，多すぎる草に目を付けてそれを減らしていけば，さらに第三の段階に入るはずである。

　こうして植生の変化を体験すれば，新たな植生を生み出していく手の入れ方がわかるようになる。しかも自分がすることに自信をもつことができるようになる。自分の手が自然界の一部になって自然の遷移を引き起

こしていることが体感できる。

家の庭と寺の庭

　参考のために，著者の経験を少し述べておきたい。

　著者はあるとき，老齢の親戚の死に合って，たまたま自分が手入れを任された庭をもった。草をむしり，枯葉を掃き，樹木を剪定した。だれにも習わずに始めた。もともと庭をきれいにするという考えはなかった。だから，とりあえず人から「これならまずまず」と見られる程度にすべてを行った。そのうち庭にコケが生えてきた。それを見て，コケが生えてくる空気というものがあるのがわかるようになった。

　山で味わう澄んだ空気である。それは建物の壁がもつかび臭い湿り気では生まれないものである。土と樹木がつくりだす澄んだ空気の湿り気である。樹木も，剪定されずにうっそうとした状態では生命の輝きを失ってゆく。空気がよどまず，適度に流れている必要がある。そして樹木の葉を通した太陽の光がやわらかく土に注ぐとき，山のコケが生える。枯葉が上に乗っていても，その時間が一定程度を超えると，コケは消える。

　京都の名刹の寺の庭にもコケが生えている。それがなぜか，わたしは自分が体験したことなので，聞かなくてもわかる。草をむしり，落ち葉をはき，枝を落とす人たちが居るせいである。それが山の空気を生み出している。山に居る動物たちの代わりになる作業が，その庭でおこなわれているからである。

　そしてそれは寺の建物を維持し，そこに住む人間の

健康にとってもっとも良い環境を整えることを目指して行われている。それは、里山の作業が、田畑とそこに生きる人間にとってもっとも良い環境を目指して行われていることと似ている。

しかし、知っておかなければならない重要なことは、その目的ではない。寺の庭を守る人も里人も、どちらも、その方法を自然から学んでいる、ということである。人間にとっての環境条件であろうと、それを人間から学ぶのではなく、自然から学ぶ姿勢が、苔むした庭を生み、さまざまな生き物と共生する里山を生み出している。ここには同じ思想がある。

だから、このようにして自然から学ぶ思想は、日本仏教にも通じる思想なのである。近代科学よりも劣った思想ではない。科学も自然から学ぼうとしているが、数という科学のことばのみを使って学ぼうとしている。同じく自然から学ぶにしても、そこが違う。科学は、人間が自然からもらっている「身体全体＝脳全体」を使って自然から学ぶ技術ではない。脳の一部のはたらきだけで自然を理解しようとしている技術である。

それに対して身体全体を使って自然から学ぶ日本的思想は、むしろずっと多くの智慧にあふれた生命技術であり、生命思想である。汲めども尽きぬ智慧の井戸である。だから、ボランティアで作業を始めるとき、無知だとか、体験がないために自分がまだその途中段階にも至っていないことを怖れることはない。

科学的管理と身体的管理
現在、自然管理の手法として広く認められている手

法は，科学調査を基本的指標とするものである。現場の調査をして，その結果を見てある環境状態を目標設定し，その環境を作り出すための工夫を考案する。これが計画の立案になる。つぎにその工夫を実施して結果を待ち，結果を調査してその工夫によって環境が目標に近づいたかどうかを評価する。そしてその評価に基づいて作業内容を改善して実施する。こうして再び結果を調査してつぎにつなげていく，というサイクルである。計画（プラン），実施（ドゥー），評価（チェック），改善（アクト）という，工場でも使われる一般的管理手法を環境管理に応用したものである。英語の頭文字を取ってPDCAサイクルと呼ばれている。

　当初の計画を絶対化せずに改善していく姿勢は謙虚な姿勢である。しかし身体的管理とこうした科学的管理は，作業の結果を見て，そこから学ぶという点で共通なのだが，科学調査がもつ不足，つまり科学によってはとらえきれない要素を「本質的問題」と考えるかどうかで，異なっている。自然環境を作り出している要素は無数にある。科学調査は可能な数のいくつかの項目だけを取り出して調査するほかない。必要な調査をすべて行おうとすれば，人手も時間も不足する。

　たとえば林のなかの一本の枝を切り落とす作業の必要を科学的に結論するためには，その枝がもつ葉が，太陽光との関係でどういう状態にあるかを見なければならない。枝についている葉は，ほかの枝についている葉との間にも関係をもっている。一本の枝にはたくさんの葉が付いている。数十枚という小さな枝もあれば，数百枚，あるいは千を数えるほどの葉を付ける枝

もある。その枝を取る前に葉を数え上げる労力なしには，データは取れない。しかも刻々と変わる太陽の位置との関係で，葉には光が当たったり，陰になったりするのだから，その一本の枝を取ったときと取らなかったときの効果の違いを予測することは，現在の技術では事実上不可能である。

　それに対して木に登って木の枝を払う作業をしているとき，どの枝を取ったらいいか，ほとんど一瞬で判断していかなければ作業にならない。そしてこの判断には，ほとんど間違いが起こらない。人間も本来は自然の一部なので，その全身全霊で判断できるようになれば，無数の要素についても瞬間的な総合力で判断できるのである。

　たとえば，著者がかかわる公園には，現在百株を超えるキンランが咲いている。十年前にはまったくなかった。移植したものではない。造園の業界では，キンランは移植は不可能と見られている。土ごと大きく移植しても絶えてしまうのである。樹木の根につく菌と関係しているからだと推測されている。専門家でも植えることができないランなのだ。ただかつては雑木林の林床にふつうにあったものだという情報しかない。

　キンランが咲き出したその場所は，地面をクズが這っていた。十年以上その状態であったところをボランティアではぎとり，光を入れたのである。するとシュンランが現れ，そのあとで，エビネランとキンランが出てきた。おそらく樹木の移植時に，その根を包んでいる土に種がついてきたのだろう。適当な条件がそろったので，生長したのだと思われる。その後は，雑木

林の樹林地のようすを想像して上部の木の枝を適度に剪定した。シュンランは順調に株を太らせ，キンランは株を増やしている。しだいにかつて雑木林で見られたランの群生をほうふつとさせる景色になってきた。

　こういうことを科学的管理でできるか，と言えば，現在の科学技術では不可能である。専門家の話では，そもそも移植の方法がわからない。だとすれば，キンランが咲くような場所をつくる，という計画は科学的合理性のない計画である。計画そのものが立てられない。計画がなければそのキンランがたまたま咲いた後であっても，それを絶やさずに増やす道筋も考案できない。科学は，自然のフィールドで実験して答えを出すことができる水準にはまったく至っていないのだ。

　科学は，今の状態がどういう状態であるかを，数字を使って正確に記録することができるだけである。なぜそうなるか，とか，なぜこうであるのか，ということになると，正確な答えがない。専門家が口にするのは，実際には憶測だけである。憶測が当たるかどうかは学者個人の経験的知恵（数字の読み方）に左右される。それは易者と同じである。易も技術だけで当てられるのではない。同じように科学者の立てる予測も調査結果の読み取り能力に依存している。

　科学は何が原因かを示すことができなければ，自然を思い通りに変えることはできない。自然はあまりに複雑で偶然的なので，結果を生じる原因を単体で抽出することができない。原因物質を単体で抽出できなければ，それが原因であることは証明できない。ある結果が何度か繰り返し生じるのを見たとしても，単なる

偶発的なことであるかもしれない。自然の管理について科学的であることは，今のところ絵に描いた餅なのである。

　もしもよく似た環境における，さまざまな調査記録が膨大にたまれば，たしかに，ある環境でキンランがないとき，よく似た環境でキンランが咲く場所の記録を対照させれば，そこにキンランを咲かせる条件を見出すことはできるようになるだろう。しかし，あくまでも膨大な人手を使って多くの調査が行われ，記録されることで，はじめてこのような「対照」が可能になる。よほど多くの人間がさまざまな場所で記録をとり続けなければできないことである。

動物の身体と生態系

　人間は自然界の一部であり，動物の一部である。動物は，植物の光合成のはたらきに依存して生きている。植物から見れば，動物は，植物の生長の余りをうまく取ることで，植物の生長を助けている。他方，動物は，植物の生長を助けることによって，より多くの動物が食料を得られる環境を作り出している。たとえば里人は，毎日山の見回りをしている。目的は決まっていない。本人にもわからない。しかし，たまたまツタが絡まっているとか，草が茂りすぎているとか，あるいは枝が込んでいるとか，さまざまな場面に出くわして，そのようすに突き動かされて里人は山を守っている。ここには双方利益（ウィン・ウィン）の関係がある。そしてそれが共生の関係であり，その総体が「生態系」なのである。

顕微鏡を発明した近代科学の技術は，バクテリアの世界を教えてくれた。バクテリアの世界から見ると，人間のような大きさの多細胞生物は，それまでめまぐるしく動いていた生態系をゆったりとした緩慢な動きの世界（比較的安定した世界）に変えて来た。
　それはつぎのような仕組みである。
　微小な生き物は周囲の小さな温度変化にも生死がかかる。温度たった一度の変化が，そこでの増殖率を変えて，その場所を占めるバクテリアの種類をすっかり変えてしまう。それに対して人間のように大きな生き物は，ある一定の範囲なら，何十度もの温度変化くらいで死ぬことはない。環境変化に対して鈍感にできているのである。
　だからバクテリアは，人間のような大きな動物の腸のなかに棲みついている。腸の中で，その動物が口に入れた植物や動物の栄養を分解している。恒温動物の腸の中は，温度などに急激な変化が起きない環境を維持している。その中に入り込んで，バクテリアは自然の仕事をしているのだ。わたしたちの体は，バクテリアから見るとかっこうの逃げ場であり，変化の激しい外界の世界から逃れてこもる巣穴なのである。
　生態系を維持する基本はバクテリアの仕事である。植物のなかに居る葉緑素ももとは独立のバクテリアだった。土のなかに居て植物や動物の遺体を分解するのもバクテリアである。バクテリアは，光合成による生物世界のエネルギー生産にかかわると同時に，それによって維持されている生物の分解にもかかわっている。それに対して多細胞生物は，体を大きくしてバクテリ

アを内部にすまわせ，このバクテリアのはたらきを周囲の急激な変動から守る衣服になっている。

　つまりバクテリアの世界こそ生物世界の真相であり，動物や植物の世界は，そのバクテリアが着るさまざまな衣服のようなものである。一般庶民は服飾デザイナーが毎年発表する華麗な衣服の変化に驚き，感嘆して大金でも支払うが，自然が何百万年の年月をかけて発表する種の変化という新作は，大自然という偉大なデザイナー集団が長年月をかけてデザインを練った，眼を見張る衣服なのである。それはいつもバクテリアのはたらきをあたらしい衣服によって変える試みであって，たくさんの智慧の協議の結果である。そこには偉大な智慧が詰まっている。

人間の二つの脳（頭脳と腸脳）

　最近，アメリカの生理学者によって「第二の脳」ということばが流行った。人間の腸を調べてみると，多くの神経細胞があり，それが頭脳の指令で動いているのではなく，独立に動いていることが判明しているからである。進化の歴史から考えても，動物はイソギンチャクのような腔腸動物から進化している。腔腸動物というのは，いわば腸だけの動物で，外界から栄養分の混じった水を取り込み，必要な栄養分を取ったあとのものを吐き出すことを繰り返して生きている。

　すでに述べたように，多細胞の種々の動物は，それぞれ腸内細菌の衣服だと考えれば，腸が頭とは別の脳をもっていることはいかにも合点のいくことである。腸は，腸内細菌が活発にはたらくように腸の動きを制

御しなければならない。そのため多くの神経細胞をもっている。そして進化の学説によれば，腸を覆っている神経細胞の網から進化したのが頭脳と脊髄である。つまり進化の順番から言えば，頭脳は，第二の腸脳なのである。言うまでもなく，第二の腸脳は，直接に腸内細菌のために発達したのではないだろう。むしろ外界の何を腸内細菌に分解してもらえばいいかを判断するために進化したと考えるべきである。「何を選んで口に入れるか」ということが頭脳の発達の直接の動機である。

　そのために動物は，外界の情報を分析するための感覚器官をもつようになり，頭脳をもつようになった。

　植物と動物との間に見られる協力関係については，すでに述べた。植物は太陽光のエネルギーを生物の活動エネルギーに変換して，動物はその生長の一部を選んで取り込むことを通じて植物の生長環境を整えている。また動物どうしでも，捕食動物が草食動物の数を調整している。動物も多過ぎるときは捕食され，少ないときは，捕食動物のほうが数を減らす。ライオンの頭脳は狩る相手を選び，シャチの頭脳も狩る相手を選んでいる。こうした場面で有効なはたらきをしているのが，頭脳による選択なのである。

　人間を考えるとき，精神と身体の二つに分けて考えることが常識となっているが，一方は頭脳がその中心であり，もう片方は腸脳が中心にあるから，と考えれば，矛盾はない。そして心身を一つにして考え，行動することは，この二つの脳が調和して行動することであると考えれば，それこそが健全な姿であると考える

べきだろう。

全身全霊で考え，行動する

　この世界は，生死の繰り返される世界である。野生の生き物は生きる一瞬一瞬でこの世界を理解している。「理解」ということばは，誤解を生むかもしれない。誤解の少ない表現をさがすなら，どの生き物も，外から何かを「体感」したそばから，その種に与えられた智慧を発現している。とはいえ，智慧が発現してくる「根」の場を「理解」と呼ぶなら，やはりそこには理解があると言えるだろう。一方，人間のことばによる論理なしには「理解」はない，と考えるなら，野生の生き物には，そういう，ちゃちで幼稚なものなど，たしかにないのである。

　野生の個体が，生死を超えて体感するやいなや発現する智慧は，大自然がその個体に与えた智慧であり，智慧としか言いようのないものである。人間がもつ意識は，脳の一部に限定されたはたらきである。そのはたらきは，自然に対して自慢するほどのはたらきをしているのではない。むしろ自然生命に対して無理解であることをいいことに，破壊的な行為をすぐれた技術であるかのようにでっち上げている。

　脳の一部のはたらきの誠実な姿としての「科学」を取り上げてみても，野生の生き物を対象にすることによって明らかにできることはほとんどない。明らかになるのは，結局，科学では到底理解できない自然の智慧の大きさである。野生で生きる生き物たちが受けとめている情報は，それぞれ無限に近いものであり，人

間には理解しきれないことばかりである。これまでにわかったことより，まだまだわからないことが見えてきたことのほうが，はるかに多い。科学が日進月歩で発達しても，科学はむしろ生き物がますますわからなくなるばかりなのである。

　人間は，脳の一部を使った理解しか意識できない。しかし生き物がもつ理解は，個体が全身全霊でもつ理解である。生半可の人間のことばの論理に当てはめることなど，できるものではない。そして生き物の仕事は，地球生命の総体を維持することである。地球表面の外に広がる周囲の宇宙は，生命にとって過酷な世界である。地球生命は，自分たちを宇宙の砂漠から協働で守っている。お互いに助け合っている。驚くべき智慧で周囲の環境までも自分たちの仕事で覆っている。大気に酸素を含ませ，オゾン層をつくり，紫外線から地球表面を守っているのである。

　樹木は地中に張った根を通して雨水を地中にしみこませ，大地がつくる地層の力を借りて地下水脈をつくり，清冽な水をあちこちに行き渡らせている。土に棲むバクテリアも水中のバクテリアも，ちょっとした変化にたいしてもすぐさま対応する。ときには一日で億単位の増殖をして変化を受けとめ，生物の世界を支えている。人間も，この仕事に参与すれば，無数の命の仲間として生きることができる。人間が自然から授かった心身はそれを知っている。

　だから，人間が自然の一部として生きてはたらく道を進めば，自然のもつ智慧が教えているままに，生きる意味をわたしたちも知ることができる。ただ文明社

会で育てられた意識は、自然の智慧を知らないし、知ろうとする心身全体のはたらきを邪魔している。文明から生まれた学問は、哲学をはじめとして身体性を軽蔑する道を知的な道であると人に信じ込ませている。科学技術は、いまだに人間の都合の範囲で自然を学ぶだけである。この知識は、人間の生の全体を理解する基礎をもたない。人間が生まれたのは自然の全体の協議（さまざまな生物種のはたらきが関わること）によってであることは明らかなのに、文明社会はそれを忘れるように仕向けている。

　元来、人間は自然の全体から生まれた。自然の全体のために生きる力を与えられて生まれたのである。だから、人間の生が自然の生命の全体のためにあるときは、人間の生も、本来的な喜びに満たされる。そこには何の不安もない。それに対して、人が人のためにだけ生きようとするなら、人間の生は、満たされることはない。人は自然の一部に過ぎないからである。実際、どの生き物も、自然全体のために生きるときに生死を超えて生きている。それに対して、人間のように、自然のごく一部（人間だけ）のために生きようとすれば、どうすれば一部のために他を犠牲にできるか、あるいは他を犠牲にしてでも一部のために生きられるか、わからなくなる。全体のために生まれたものが、一部のために生きる道を選べば、どこかで、つまり何かの機会に、矛盾にぶつかり心に不安と不満があふれて来てしまうのである。

　自然を知ることは、自然を構成する生物がもつはたらきがお互いを生かしている現実を、自分の心身を通

して知ることである。それは自然のなかで，風に吹かれ，雨に合い，日ざしを浴びて，草を刈り，枝を折って，生死の局面に身をおくことではじめて知ることができる。本で学ぶことはできない。

自分の後姿を見る

　すでに述べてきたように，体験を通してという意味は身体的感覚のみを大事にするということではない。心の目も同時に見開いていなければ心身の体験にならない。身体の目は目前のことのみを見ている。しかしこのとき心の目は，時間の一歩先を見据え，さらに空間においては見えない角度まで見て，周囲を見据えていなければならない。

　人間の眼は，前にあるものを見分けるように顔の前面についている。しかし心の目は，全方向である。身体の眼のはたらきに馴らされて前だけ見ていればよいと，つい考えがちだが，心の目は，本来，はるかに多くのものを同時に見る力である。この現在の自分の後姿まで見ることができる能力なのである。

　心の目であろうと，自分がものを見る基点は自分が居る位置なのだから，その自分の後姿を見ることなどありえない，という意見もあるだろう。しかし，心の目は，自分という基点をずらすことも，努力して習うことができる。自分が歩んできた一呼吸前の自分の位置に心の目を置いたまま，自分の後姿を見る技である。

　じつは自分の後姿を自然の中で見るとき，人は自然と一体化できるようになる。なぜなら，そのとき自分を周囲の中の一つのものとして心の目に収めることが

できるからである。たしかに，人はその気になれば，企業組織の中で，はたらいている自分の後姿を見ることもできる。それを習うことができれば，自分の周囲をたしかな眼で見据えることができる企業人になれるだろう。しかし，そこは競争社会である。弱肉強食の智慧を争う世界である。気の休まる暇(いとま)もない世界である。

　他方，自然の中の自分とは，無数の命に支えられている自分の生死である。楽園の中の自分である。自分の死すら怖れることではない。むしろ怖くなるのは，自分の命を支えてくれている無数の命が脅威にさらされている現実である。自分の命を支えてくれている無数の命が崩れるとき，自分の楽園が崩れるからである。自然と一体化している自分にとって，自分一個の命は大したことではない。むしろ自然全体のほうが関心事になる。なぜなら，自分が自然と一体化しているからである。

VI
自然ボランティアのやりがいと苦労

―――――

ボランティアのやりがい

ボランティアのやりがいは，困っている人を助けるか，困っている自然を助けるか，いずれにしろその結果の良さを自分の目で見たり聞いたりすることによって得られる。

花の名前がわからなくて困っている人を助て教えてあげれば，その人は，その名前を知ることによって，区別できずに居た植物の多様さに目を見開くきっかけを得ることができる。それは自分が属している自然がもつ美しさに触れることである。こうして自分が教えた人が楽しみを得たことを知れば，ボランティアは教えることができた喜びを得られる。

また，動物たちが適度に訪問してくれることを期待している自然が，何らかの障碍物によってその動物が来ることができず，困っているとき，その自然に対して，その動物の代わりに自然の多様性の実現や遷移をうながして，そこの自然が多彩な輝きに満ちるのを見ることができれば，それはまた，その仕事をしたボランティアの喜びになる。

喜びは心が持つものである。喜びは、ことばになって表に出れば、複数の人々の間で共有される喜びになる。しかし、そういうことがなければ、心に秘匿される。

人が困っていることに対応したなら、助けられた人は礼を口にするだろう。何かをプレゼントする側と、プレゼントをもらった側が、それぞれの立場で、つまり、する側は相手が喜んで受け取ってくれたことを、される側はプレゼントをもらえたことを、それぞれ喜ぶから生まれる喜びがある。

人間どうしなら、そこに「ことば」やそのほかの目だった態度が起こって、それがほかの人にも伝わる。人間同士の間でのボランティアが受け入れやすい条件はこうしたことにある。

これに対して、自然の助けになろうとするボランティアは、その仕事を他人や社会一般に理解してもらうことがむずかしいものである。すでに述べたように科学は自然を数のことばで知る手段しかもたない。数え切れないものは、知ることができない。したがって、ほとんど無数の生き物がかかわっている自然生態系全体がどんな仕事をしているか、科学は知ることができない。自然をまねたボランティアの作業も自然なものなので科学の目では理解できない。科学で理解されないとなれば、その作業の意味について社会一般から理解を得ることがきわめて困難になる。

というのも、科学は公共の権威をもつからである。科学で理解されないとなると、文学的に理解されなければならないとか、芸術的に理解されなければならな

いことになる。しかしそれは現代では理解の名に値しないと見なされる。だから，自然を回復させるボランティアの作業は，結果の良さを科学的に知ることがむずかしい，と同時に，さらに，その結果を生む作業の意味が，「科学」という権威のあることばでうまく他者に伝えることができない。仕事の意味を文明社会に適合した仕方でうまく説明できないのである。

　自然の助けになるボランティア作業は，野生動物のはたらきと本質的に同じである。野生動物のはたらきは，文明人には理解できない。文明人は動物は好き勝手なことをしているだけだと思っている。言い換えると，食べ物を探し出して見つけたら，それをがつがつ食べているだけで，何も考えていない，と思っている。しかし，真実には野生動物は食べるものを選んでいる。そこには人間にはできない配慮がある。

　人間には理解できない智慧にあふれ，しかも無言で，あるいは人間には理解できない仲間同士の交信のなかで，その仕事は行われている。たとえば海洋におけるシャチによる海獣の狩りは，人間には理解できないルールのなかで行われている。それをまねる仕事は，人間にはできないことである。ただ，彼らの仕事を通じて，いつのまにか生じた自然の美だけが，それを見る人の全身全霊に呼びかけて，彼らの仕事が不可欠のものであることがわかるだけである。

　実際，かつてアメリカ大陸では狼の大量虐殺が行われた。その結果，草食動物がバランスを崩して繁殖し，緑の山を枯れ木の山にしてしまった。日本でも，狼を絶滅させてしまい，その結果，山の動物のバランスを

取ることがむずかしくなった。山の野生動物による人間との接触事故が頻発することになった。むかしからの熊撃ちが居るところでは，今でも彼らがもつ智慧で事故が少ないようである。そして彼らの智慧は，野生動物が自分の仕事を人間に語ってくれることがないのと同じように，人間どうしでも語られることがないのである。

　野生動物のはたらきは，自然界のなかで，その一部となるはたらきである。言うまでもなく，その一部だけで自然の美が生まれるのではない。その一部を含めた，全体から生まれる。バクテリアのはたらき，植物のはたらき，動物のはたらき，とすべてが合わさって生まれる美である。したがって，自然の助けに回るボランティアの作業も，それだけで自然の美をつくることはできない。

　言い換えれば，ボランティアはその結果のすべてを自分の功績にできる仕事をするわけではない。自然の美は，自然全体の結果であって，ボランティア作業のみの結果ではないからである。自然の大もとがなければ，作業はその結果を生まない。したがって，結果としての自然の美の全体を自慢できるのは，本来，自然だけであって，ボランティアではない。

　しかしボランティアは，自然の一部に自分がなれたことが，言い尽くしがたい喜びになる。途方もない時間をかけて生まれた自然があり，その一部になれたことは，永遠につながる喜びである。

　しかしこの喜びは，他者と共有できる喜びだろうか。たぶん，自然はその美を得て喜んでいると思えるだろ

う。そうであれば、ボランティアは自然と喜びを共有できる。しかし、人間界の他者との喜びの共有はむずかしい。ただ自然の美を知ることのできる人とは、その自然美をともに味わうことにおいて、喜びを共有できるだろう。しかし、作業の喜びは、作業した人のみにとどまる。つまり自然の一部と化して作業することを通して、自然美をつくりだす自然の智慧の一角になりえた喜びは、心身を通じた個人的体験であるほかない。その当人にしかわからないのである。

　心身を通じた学びも、体験も、「ことば」で伝わることはない。部分的な表面のイメージが伝えられるだけである。したがって、全身全霊にわたる喜びがことばだけで伝わることは、とても無理である。

　自然のボランティアのやりがい、つまりその喜びは、そういうものなのである。

自然ボランティアの苦労

　「ボランティア」とは、無料の仕事だと見るのが、日本では一般のイメージである。しかしそうであるなら、自然界で野生生物が行っている生態系を守る仕事は、すべて「ボランティア」である。他方、「ボランティア」を、自然界全体のものと見るのはことばの由来からしておかしい、と考えれば、人間社会の仕事のなか（市場経済の一角を担うもの）だけでボランティアを考えなければならない。しかしそうだとするなら、自然相手のボランティアは、その仕事が人間どうしでは理解されにくいだけ、苦労の多いものになる。

　なぜなら、他者に何の意味があるかわからない作業

は「遊び半分」に見えるからである。ちょうど生態系を維持している野生生物のしている仕事が、人間には無価値な「本能にもとづく行動」にしか見えないのと同じである。

　だから、自然を助けるボランティアがする人間界の仕事は、自然を助けることだけではない。無理解な人間界に対して、その仕事の意味づけをしなければならない。それをしないと強制的に止められる。自然を助けることは、たとえどれほど体力を使うことでも、自然な喜びであって、まったく苦労ではない。実際、すでに述べたように、その喜びは純粋なものであり、永遠のものである。自然界がそのルールで人間をつくっているのだから、その仕事の喜びは、地球の長い歴史、四十億年の生命の歴史が約束してくれている喜びである。疑っても意味のないほどの確かな喜びである。

　自然を助けるボランティアのもつ苦労は、むしろ文明社会の人間を相手にすることにある。

自然の一角としての作業

　まず、自然を助けるボランティアの作業は、自然界の一部（一角）だから市場経済の一部（一角）にはならない。言い換えると、その作業は金銭に換えることができない。

　なぜかと言えば、すでに説明したが、市場経済のなかでは一般社会人がその価値を勘案して「値段をつける」ことができなければ、それを売る（金銭と交換する）ことができないからである。草刈なら単位面積あたりで値段がつけられ、それも「画一の状態に仕上げ

る仕事」に一定の値段が付けられる。樹木剪定，その他についても同様である。そのために業者の仕事の結果として生まれる緑地は，ほぼ同じ状態の画一的な緑地である。

　それに対して，自然の仕事は画一的であることをいつも逃れるものである。ちょっとした偶然が一本の木を残し，何本かの草を残す。あるいは土の中に種を残す。それがいつでも，どこでも，ほかにはない多様性を生んでいる。一方，お金と交換される仕事には，不備が原則としてゆるされない。不備が見つかればその時点で「やり直し」等が命じられる。だから，市場経済の一角にある自然相手の作業（たとえば造園業）は，自然の多様性など完全に無視する「緑の画一化」の仕事である。たとえデザイナーが創造的図面を描いたものであって，全体としてのデザインが人間界のなかで唯一のものであっても，部分部分は，図面通りに緑を画一化する作業しか行われることはない。

　ボランティアも人間である。人間世界は，市場経済の歯車のなかにある。金銭との交換をまったくもたない生活は，ふつうの人間にはできない状態にある。金銭との交換なしに，食べ物も，飲み物も，着るものも，住むところも，なにも得られないのが人間の文明世界である。そこからはみ出て生きていくことは，不可能ではないとしても，人間社会からは無視される存在になる。つまり人間であるなら，稼ぎもなければ生きていけない。

　では，どうすればいいのだろうか。

ボランティアと稼ぎ

　市場経済において，稼ぎというものは，本質的に自然界からの収奪によって成り立っている。自然を育てるよりも，より多くの比率で自然界からの収奪があるだけ，より多くの稼ぎになる。これが市場経済の原理である。今日では，その収奪の過程での自然破壊が問われ，その点での改善の試みがなされている。しかし，「収奪」なしに満足な「稼ぎ」（利益）が生じることはない。実際，貴金属類の細工などは人間の労働が加わることで生じる利益幅の大きさが強調されるが，だぶついた金銭の行き場として生じる泡のようなものである。自然界からの収奪という基盤がなければ，ほとんど成立しない経済である。

　たとえば産業革命以来の工業生産は，石炭，石油の地下埋蔵物の掘り出しによって実現している。掘り出すための労働が強調されるが，実際には「取ってきている」だけである。つまりは収奪に過ぎない。ウラン燃料とて同じである。これを人間がつくることは不可能である。経済を成り立たせるエネルギー生産が，ほぼ純粋に自然界からの収奪であることは，誰の目にも明らかである。太陽光や風力発電などの自然再生エネルギーがどれだけの力をもつか未知数だが，それを人間だけが人間社会の都合だけで用いるかぎり，自然破壊は少なくできても，「収奪」であることは変わらない。

　あるいは「観光」に力を入れて，自然美を市場経済のなかの一角を占めるものにしようという試みがある。できるだけ人間の侵入の影響を減らして，自然を保全

しつつ「稼ぎ」を実現する方法である。自然美に「高い値段をつける」ことによって，その価値を市場経済のなかで確立する，ということである。

　この自然美の「観光資源化」は，わたしたちが問題にしているボランティア作業と大きな関係がある。すでに述べたように，公園などは，人間の休息（気晴らし）のための場所である。利用目的が「観光地」と同じである。言うまでもなく，いろいろな観光があるが，自然の観光をメインにするときは，その場所の「売り物」は自然である。そして自然は，すでに説明したような植物と動物の協力システムで美を生じているのであるから，人間のボランティアがその一角を占めるはたらきをするなら，このボランティアは「売り物」の一角を占めることになるだろう。つまりボランティアのはたらきが「売れる」（金銭と交換できる）ことになる。

　とはいえ，今日までのように業者に渡すやり方でボランティアに金銭が渡ることには，今のところ無理がある。つまり単位面積あたり，画一的な（だれもが一様に満足する）状態での仕上げによって，その労働の金銭価値を値踏みする，という方式にはボランティアの作業は合わない。なぜなら，すでに述べたように，自然を助けるボランティアの作業は，野生動物の作業と同じものだからである。

　たとえば，山にイノシシが居たとする。鉄砲撃ちがそれを見つけたとき，そのイノシシが山の自然のバランスを崩して多すぎる仕事をしてしまっている（山を荒らしている）かどうか，その場で判断して，撃てる

かどうかである。それができればその鉄砲撃ちの仕事は，自然の一部になっている。つまりかつてニホンオオカミがしていた仕事を代わりにやっていることになる。それができなければ，やはり自然破壊になりかねない仕事である。つまり自然のためではなく，まったく自分個人の欲望（この欲望がこれまで市場経済を動かしてきた）にもとづく射殺行動である。この行動によって潤うのは個人の財布だけであって，自然のほうではない。

　他方，イノシシが増えすぎているか，それともイノシシのバランスはよくて別のもののために山の自然が荒れているだけなのか，その判断ができて，自然のための仕事をやりこなせたとき，その人は自然と一体になって観光資源をつくりだしていると認めることができる。したがって，彼は，その一部の価値を受け取ることができる。

　どちらも，イノシシを撃ち殺す，という行動は同じである。だとしたら，だれが自然の一体となった仕事をその人がしているかどうか判断するのだろうか。その判断ができなければ，自然と一体になることで観光資源を生み出しているのかどうか，その判断はできないし，判断ができなければ，賃金を払うことはできない。

　人間がもっている科学には，それを判断する能力はない。自然がもつ多様性は複雑過ぎて，人間の科学のことば（数字）は，対応不能である。実際，一地域の自然の全体を調和をもって成り立たせている各生物種のはたらきは，ほとんど無限である。数え上げること

すらできない。そもそも基盤となるバクテリアの世界も，現代科学はほとんど（100パーセント近くの割合で）究明できていない。それほどのはたらきが，今も一瞬一瞬起きているのである。

しかし，現代では，科学のことばだけが，一般社会で権威をもつ公的な説明言語である。そのために業者の仕事も単位面積あたりの労働量（仕上がりの画一性）を数字で出すことによってはじめて賃金支払いの対象になっている。

その科学のことばが，自然のはたらきを説明できないとなれば，自然と一体となったボランティアの仕事も値踏みができないことになる。つまりどれほど自然美が観光資源として価値を認められるようになったとしても，それを作り出している「自然のはたらき」は，賃金支払いの対象にすることができない。賃金はもっぱら，観光客を集める「広報宣伝」や，観光客が自然破壊を行わないように指導する「レンジャー」や，観光客をもてなす「ホテル業界」，「旅行業界」に対して支払われる。

「資源」がなければ「観光」が成り立たないにしても，人間の市場経済は，資源をつくっている「自然のはたらき」のほうは，石油資源同様，収奪の対象にしかできないのである。

したがって，結論とすれば，自然と一体となるボランティアの作業は，稼ぎにはならない，ということである。収奪されるだけである。せいぜい，それを観光資源とする業界から「寄付」がもらえる程度だろう。

社会的評価

経済市場からの評価は，ボランティアの評価には馴染まない。ボランティアの価値を値踏みすることは，友情を値踏みしたり，恋愛を値踏みするようなものである。あるいは信仰心を値踏みするようなものである。とはいえ，ボランティアの評価は，本来，人間社会による評価である。「ボランティア」volunteer は，個人の「主体性」の社会的評価の呼び名である。つまり個人が，社会が評価できる作業を，主体的に（自分の意思で）行っていることを意味している。

これに対して「賃金」は，個人の行う作業のうちで，それが主体的であるかどうかを問わず，他者の「必要」（欲望にもなる）にどれだけ応えているかの評価である。他者から「お金で買われるもの」でなければ，その評価はない。それに対して，「個人の主体性」は，イコール「その人の人格」（ペルソナ）である。

だとすれば，ボランティアの評価は，人格の評価であって，市場価値の評価ではない。ボランティアの作業は，社会から評価されるものでなければ「ボランティア」として評価されない。しかし，それは市場による評価ではない。「値踏みができない評価」の部類に入る。

したがって，やはり自然と一体となるボランティア作業は市場評価されることはない。むしろ，だからこそそれは人間社会による評価によって，純粋に「ボランティア」と呼ばれる。お金にならなければ社会的評価がないと考えてしまうのは，市場活動に呑み込まれて生きている現代人の単純な誤りである。

管理を稼ぎとする管理者との関係

　公園のような土地の管理人は，管理の仕事を「稼ぎ」としている。したがって，その「稼ぎ」に入らない仕事は，仕事の一部とは思わない。管理人には，自分が仕事にしている仕事以外は，まじめな仕事に見えない。仕事なら，業者や職人がやるように「きちんと」やるはずだ，と思っている。つまりボランティア仕事は，仕事ではなくいい加減な「遊び半分」のことがらと受けとめる。つまり個人的な趣味の実現と考える。自然のために作業したいと思うボランティアは，このことを理解しておかなければならない。

　そのために，管理人に対しては，「素人」を表に出して，業者の仕事振りとの違いを「受容可能な範囲」にしてもらい，一方，管理人が管理する上で必要不可欠になる「事故の心配」をなくすために，「計画」を示す必要がある。

　「素人」は，技術によってではなく友情によって信頼を得なければならない。それゆえ，ボランティアは管理人との間に友情の信頼をきずく必要がある。その根本が「誠実」にあることは言うまでもない。ボランティアは，どの場面でも，まずは人格が問われるのである。技術ではない。

　他方，「計画」は，科学の説明方式を使って，図面を描き，面積などの分量の数字を出して，管理人を安心させなければならない。素人でも，きちんとした計画のもとに作業することは，管理人から見て「信頼できる作業」に見える。もちろん，事実，確かな作業になるし，管理人だけでなく，世間一般に対しても，作

業の信頼性を訴えるものになる。

　とはいえ、すでに述べたように、自然は「きちんとする」ことを多様性の方法としてもつのではなく、一定の限度の範囲で自由な移ろいを「つぎのステップ」（自然遷移）を可能にする機会としてもつ。それゆえ、「計画」は完全に実現されるべきものではない。そこに「素人臭さ」を入れて、アレンジすることが、ボランティアの実際の作業である。

　しかし、それが事実であるとしても、アレンジの部分まで管理人に知ってもらう必要はない。無理に知ってもらおうとすれば、理解されずに「馬鹿にするな」とか「いい加減なことをするな」と言われて、おしまいかもしれない。その可能性のほうが大きい。すでに述べたように、自然のはたらきは複雑過ぎて、脳の一部しか使わない人間には理解できないからである。

　自然のはたらきは「稼ぎ」を忘れて全身全霊で理解しようとしたときにだけ、学ぶことができる智慧である。だれでもわかると思ったら、思わぬ失敗をする。そして自然のために作業するボランティアにとって、その失敗は、助けるべき自然に対する裏切りになる。

　自然は智慧の塊である。その自然を助けるつもりなら、ボランティアも智慧をもたなければならない。愚直であってはならないのである。

VII

ボランティアの約束

自然に怪我をさせない，自分も怪我しない

　実際の作業場面では，ノコギリとか鎌とか，剪定ばさみとか，刃をもつ道具が必要である。樹木剪定では高い所に上がるとか，はしご（脚立）を使うとか，ほかにもさまざまな道具を使う。当然，さまざまな危険がともなう。

　刃は相手を切ることができるだけでなく，自分の体を切ることがある。高いところに上がれば落下する危険がある。高いところのものを切り落とせば，それにぶつかる危険もある。はしごも倒れる危険がある。さらにどれを切っても，切り口が危険になることがある。気付かないまま作業がハチの巣に脅威となれば，さっそくハチに刺される。自分の体の異常に気づかなければ，熱射病にもなる。

　草食動物は，草を切り取る歯をもっている。その歯の鋭さは，草に行き過ぎたダメージを与えない鋭利さになっている。つまり切り取ったとき，草の細胞をつぶしてしまわない鋭利さをもつ。だから，自然の智慧をまねて作業するボランティアは，似たような鋭利さ

をもつ刃を使って草を切らなければならない。草を根から引き抜くとき以外は，軍手でむしり取るのは避けたほうがいい。しかも，ススキなど根を広く張るものや笹など地下茎をもつものは，手で引っ張っても，逆に怪我をする。とくにススキやアシなどは，葉の表面にガラス質をもっている。素手で引いたら，血だらけの悲惨な手になる。

　したがって，自然をまねて作業するためには，刃を道具として使う必要がある。その刃は手入れして十分に鋭利である必要がある。その刃をどのように使うかは，経験して覚えなければならない。基本は滑らせて切る，ということである。たたいて切るのは，斧とか，ものを割り裂く道具である。とはいえ，ノコギリを力任せに使って，ものを切るだけでなく，その勢いで体に当ててしまい，怪我をすることもある。

　道具は慣れたときが危険を呼ぶ。つい力任せに使ってしまいがちになり，コントロールをきかせることができなくなってしまうからである。また，道具は良いものほど少ない力で切ることができるが，コントロールする力をつねにもたなければ，危険はなくならない。道具を使うときは，それを使いこなすために十分な握力その他，筋力が必要である。頭だけでは道具は使えない。

　他方，危険を回避するうえでもっとも重要なことは，周囲のようすを十分に認識していることと，同時に，つぎの瞬間に起きてくることを予想すること（シュミレーション）である。枝を切り落とすとき，その枝が切られた瞬間，どう動くか，十分に予想できなければ

ならない。自分がしがみついている枝に切った枝がぶつかって，自分が跳ね飛ばされたら，大怪我につながる。頭がさえていないと，間違った予想をして怖い思いをする。樹木剪定は，はたから見れば単なる肉体労働だが，実際には，かなり繊細な頭脳労働を必要とする。

　とはいえ，道具の使用は持ち前の能力を超えた作業を可能にする。一方，人間の素手は，草食動物の歯の代わりができない。この事実は，自然本来として，人間は全身全霊をもってしても草食動物の代わりができないことを意味している。つまりその智慧は授かっていないのである。したがって草食動物の代わりをして自然を助けようとしても人間は勘違いを犯す。自分としては親切のつもりでしたことが，そうならないことを経験することは，まず避けられない。全身全霊で自然をまねようとしても「まねる」ことができない事態は起こる。ボランティアの作業が原因で自然が怪我をする状況である。

　ただし，この怪我の状況は，一般の人間には理解できない状況だと考えておいてかまわない。人間には自然のはたらきは複雑過ぎてわからないものである。そうであるなら，自然をまねたはたらきが何をもたらすかなど，一般人に理解できるはずもない。自然は複雑過ぎて，科学の力をもってしても何が「悪い」か，本当には理解できない。そのために，悪い状況でも良い状況にあるかのような説明が，人間世界ではふつうにある。科学の理屈を知っている人は，その理屈だけを使って都合のいい説明をいくらでも作っているのであ

る。

　要するに，自然界については，人々が信頼する科学ですら，いくらでも欺瞞を作る。だから，自然が良い状況にあるか悪い状況にあるか，あるいは何がその悪い状況を作っているかなど，科学にもわからないことだらけである。したがって，自然が怪我をしたかどうかは，おそらくそれにたずさわるボランティア個人にしか「感じ取る」ことができない。枝を少々切りすぎても，それは怪我の部類には入らない。自然が怪我をする状況とは，樹木で言えば根までだめになる状況であり，草で言えば再生のための種子まで失われる状況である。

　わたしが経験したことで言えば，途中で移植したクリの木の枝が，あとから近くに種子から発芽して出てきたアキニレの木の枝とぶつかり合い，一部で密着して融合してしまったことがあった。同種の木どうしが一部で融合してしまったものならばそれまでに見たことがあったが，異種間での融合は，はじめてだった。これは一体どうなるのだろうと思い，何もしなかったところ，翌年，クリの木はとつぜん枯れてしまった。アキニレに負けたようである。融合した枝を切り取ってしまえば防げた事故である。樹木同士の戦いの結果だから人間が手を出さないほうがいい，という見解もあるだろう。言うまでもなく完全な答えはないが，枝を切り取って，クリの木が枯れるのを止めても良かったかもしれないと思っている。

　樹木について言えば，枝を少々切り取っても，それで枯れる樹木はないと言える。むしろ春先に出る新芽

を取りすぎて木を枯らしてしまう，という事故が一般的である。枝まで切り落とすことに比べれば，小さな新芽くらい，と思うと誤解なのである。樹木の春先の新芽は，新生の喜びを示すものである。樹種によっては，動物に一部をとられることは織り込み済みだが，全部というのは，新生の否定，つまり「死ね」と言うようなものである。一種の呪いである。こういう呪いをかけられると，樹木は枯れる。

　一方，木の葉が茂りすぎて困っているのを考えて枝ごと切る分には，木が枯れることはない。むしろ元気になる。

　実際，大きく枝を切ると，樹木は怒ったようにあちこちから葉芽を吹き出す。その芽は適度に摘まないと木を弱らせる。でもそうすることで，樹木の寿命はむしろ延びる。要するに，樹木も若返る。里山の雑木林の更新は，この樹木の若返りを利用している操作である。

人に怪我をさせない

　作業の現場は他人とも共有している場所である。そこでの作業は，当然だが，下手をすれば無関係の他人に怪我をさせる事故も起きる。これを防ぐのは，やはり「予想」である。つねに一瞬先を予想して作業を進めることである。また，どの道具が必要かを，作業に入るまえに十分に「予想」することも大事である。途中で必要だとわかっても，道具を取りに行く面倒を考えて使わずにいたために事故につながることが多い。このあたりは業者のルーティン化した準備をまねる必

要がある。

　木の上に登って枝を切り落とすとき，下に居ると枝が落ちてそれに人が当たることを心配する人が多いが，上からは，下の動きはとてもよく見えるものである。一瞬先を読むことは容易である。むしろ動かない人工物のほうが高い所に居ると見えなくなる危険がある。わたしも，三角コーンが地面に置かれているのに気づきながら，枝の落ち方を読み間違えて，大きな枝をその上に落として破砕してしまったことがある。

　また木に登るとき，脚立などを使う際には注意しなければならない。樹木のほうは根付いているから倒れないが，脚立は簡単に倒れる。樹木にしがみついていれば落ちて怪我をする心配はないが，人工物はつねに危険な乗り物である。危ないときははしごをや脚立を木に縛り付ける必要がある。とくに高いところまで脚立をかけるときは，脚立を木に縛り付けることは必須である。

　高度によって生じる危険は人によって異なる。とはいえ，高度の危険には人が意識できない危険があることは知っておくべきである。人間は数メートルを超えて危険を感じる高さになってくると，無意識のうちに筋肉が緊張している。10メートルを超えると，たいていの人は筋肉に緊張が走っている。それは意外にも自覚できない。知らずにいると，危険の「予想」が立てられない。いつか新聞記事で，立派な刑事さんが三階のアパートの住人を心配してベランダから入ってみようと考え，屋上の縁につかまってベランダに下りようとして地面まで落ちて死んでしまった，という記事を

読んだことがある。わたしはそれを読んだとき，直観的に「この刑事さんは高いところでは長い時間つかまっていられないことを知らなかったんだろうな」と思った。

　数メートルの高さで5分くらいなら何かにつかまってぶら下がっていられる人でも，それが10メートルを超えると，15秒くらいで危なくなる。ぶら下がっている自分の体重は同じでも，高度がある限界を超すと，筋肉が勝手に何十倍も力を使ってしまうのである。自分の体であるにもかかわらず，それは意識できない。その時間が来ると，手が自分の意思とは無関係に，勝手に離れる。年寄りがトイレまで排尿をがまんできなくてもらしてしまうのと同じである。

　こういう高さを超える作業は，プロに任せることが大事である。プロはそういうことを良く知っていて作業する。そのための道具ももっている。素人が素人の道具で間に合わせるのは危険である。

　また道具を落としてしまう危険も，高さが上がれば出てくる。それに対する対応も考えておくべきである。とりあえず，高くなればなるほど，一瞬先を読みながら，ゆっくりと安全を確かめながら動くことが重要である。ボランティアは作業の効率を求められていない。じっくりと時間をかけて安全な作業を行うことが，とても大事である。

　事故があれば管理人の信頼を失い，すべての努力が水の泡になる。「大丈夫さ」ということばが作業の危険の先読みができない状態で自分の心に浮かんだら，作業は中止したほうが無難である。それは何も考えて

いられない自分を表している。酩酊している人が「大丈夫」と思うのと，同じである。自分だけでなく他人も事故に巻き込む危険性，大である。

　雨でぬれると，木の肌もつるつる滑る。すべてが数十倍危険になる。高所作業は無理である。

　以上のことをよくわきまえておかなければならない。

逃げ場を守る・逃げても戻る（世界は新しくなる）

　自然は多様な場をもつように動いている。樹木も一部に虫がついて病気にかかれば，虫こぶができたり，治癒したとき，洞ができたりする。そうしてできた洞は，さまざまな動物がねぐらに使ったりする。このように，見えないところで，さまざまな動きがあるものである。

　だからボランティア作業も人目につかないところの作業がむしろ大事である。そこでは人目につかないだけ，思い切り自然のまねごとで作業を進めることができる。不完全な作業が生じる偶然が，新しい世界を呼び込む。つまり見落とした木や草，見落とした枯れ木，枯葉の吹きだまり，あるいは作業後の片付けのうちでも，片付けそこねた枝などが予想しない空間を作る。人間世界にも逃げ場がある。それが新しい元気をつくり，疲れた人間を再生させる。そして新しい人生が始まるように，自然も逃げ場があれば，そこに逃げ込んだ生き物が新しい世界をつくる養分を貯め込んだり，力を発揮する場を得たりする。

　几帳面な仕事振りにだけ価値を見る人が多いが，自然に倣ったいい加減さは，仕事を怠けることとは違う。

自然の智慧を見習うボランティアは，この点でも自然の智慧をもたなければならない。それは計画的に（たとえば虫を呼ぼうと計画して）枯れ木を置いたりすることとは違うのである。

　ボランティアが一瞬一瞬の「今を生きる」智慧をもつことである。この智慧が生み出す偶然こそが，新たな世界を生じる偶然である。頭を使ってわざとすることは，全身全霊のはたらきではない。個人がそこで一生懸命であっても，作業するなかで偶然，自然に取りこぼすものが，新たな自然を生み出して，貴重な多様さが生まれる。自然が生み出した人間に，自然は「今を生きる」（カーペ・ディエム）ことを求めている。このことばは，ヨーロッパの金言である。生死を越えた自然があって，そういう自然にしたがって生きる生き方である。

　この智慧は，自然の多様さ，複雑さを真正面から受けとめて，天から授かった能力のかぎりを尽くして全身全霊で自分が動くとき，「自然のはたらき」が完璧にはたらくことを意味している。そのとき，自然は，人間には思いもかけない美しさを実現する。自然の微笑みを見ることができる。それはひっそりと陰に咲く花や，小さな生き物の姿で現れる。

　もしも人目につかないところで作業ができれば，そこは大きな逃げ場になる。人間にとっても逃げ場かもしれないが，自然の生き物にとっても，である。人目につくところは，一般社会の価値観を取り入れて，人間の休息の場としての快適さを，「素人ながらに」実現しなければならない。そのため，計画的であること

が素人であっても求められる。

　とはいえ，智慧があれば，この計画性はがまんできる範囲にとどめることができる。「素人」であることを前面に立てて野生的な余地を残しておくことはできる。枝が伸びすぎていれば，一般人に怪我をさせないためにと言って切ればよい。自然の智慧でも，伸びすぎて垂れる枝は，動物に折り取られたり切られたりする枝だからである。

自然の治癒力を信じる
　自然は怪我をしても治す力をもっている。治す力は「生きている」あかしである。あるいは「再生」のあかしである。人間はそれを実際に見ることを通じて自然の再生能力（生命の永遠的持続力）を信じることができる。再生とは，一度死んだものが蘇ることと等しい。たしかに，多細胞の動物の多くは，ひとたび死ねば，蘇りはない。いったん分解して土に返る。

　しかし，動物の中にも一部を切り離されても生きて，その一部を再生させることができるトカゲのような生き物も居る。このことから言えることは，生死は，部分で起きているだけでも，個体の全体で起きることであっても，本質は同じだ，ということである。一年生の植物がいったんは種子に自分の生命の継続を託すことも，生死の継続の仕方がその仕方を選んでいる，ということだけであって，死んでつぎに蘇ることなのである。

　四十億年前に誕生した「生命」がそれぞれの形をとって，その生命を継続させている。人間の形を取ると

き，人間の生命は一個の個体として生まれ，そして死ぬ。しかし，生きているうちに形を変えて，別の個体に命を継続させている。あるいは皮膚の一部が死んでも，それを再生する機能が生きていれば，皮膚は再生される。自然はさまざまな形で生死を繰り返し，生命を継続させているのである。植物はその根の根幹部分が生きていれば，多くの場合，さまざまな再生を果たすことができる。それは自然の再生能力の大きさを教えてくれる姿である。人間はそれを見て，自然の生命の姿をじかに学ぶことができる。

　人間の場合，個体の死に泣き言を並べる。しかし再生して生命を継続していくことが自然の生命である。それは生命が新たな若さを手に入れて持続することである。自然界が，植物や魚や多産な豚などに表して教えている生命の本質にならって生きていかなければ，人間とて生きる道を見出せない。老い行く自分の命に拘泥しているなら，人間は生きる意味を見失うのである。春に芽生え，勢いよく育った草が，草食動物に食べられ，再び勢いを増して生き生きと生長する姿こそ，自然の生命の姿なのである。

　勢いの良い草は食べられるために生長を早めている。彼らこそ，動物を養う母であり，力の源である。草食動物がそこに来ないのなら，人間が代わりに，敬意を込めて，刈るべきだろう。多様な仕方で再生する草地には，自然の玄妙な力が現れている。そしてそれは自然の治癒力を表してもいる。枝を落としても，芽を出して枝を伸ばす樹木の治癒力は，生命が持続する姿である。雑木林の更新時期に，根元近くで切られた木が，

そこから彦生えを生やし，再び生長するのも，人間の目には「更新」であっても，本質的には，切られた傷が「治癒」していく過程に過ぎない。

　人間の個体のなかでも多くの細胞が「更新」し続けている。それは「治癒」でもある。「生死の繰り返し」でもある。個体全体の死は，その更新が個体の根幹部分で間に合わなくなっただけのことであって，それまでも幾度となく，生死を繰り返していたのである。人間の意識は，脳の一部にあって，自分の体に起きている生死の繰り返しに気づこうともせずにいる。脳の一部が，体に起きている生死の繰り返しの事実を，自分から切り離している。そしてその情報を入れずに，脳の一部は自分の意識をつくり，そのためにわたしたちは生死の繰り返しを理解できなくなっている。

　脳の一部としての意識は，全身全霊（心身一如）とは違う。全身全霊で理解するなら，わたしたちも生死の繰り返しを理解し，治癒を知り，再生（生命の持続）を知ることができる。そして全身全霊のはたらきとは，わたしたちが自然にならったはたらきを体験することである。自然の一角を占めるはたらきをすることによって，わたしたちは全身全霊のはたらきをすることができる。それに対して，脳の一部で科学的な計算をしてから，それに忠実にしたがう作業をしたときは，たとえ身体を動かして作業が行われるとしても，作業は全身全霊のはたらきにならない。心が現場の状況よりも科学的計画のほうに目を向けているからである。その現場に身をおいて，最後にどんな作業を実際にするかは，全身全霊で理解しつつ作業しなければ自然の一

部にはなれない。そしてそのとき刈り取られる植物などの生き物が，生死の繰り返しを教えてくれる。

　自分の体も治癒力を教えてくれている。

　怪我をしても治り，虫の毒にやられても治癒する。発熱症状が出たときは体が対応に苦慮している証拠なので，病院にいく必要がある。しかし，それがなければ自分の体の治癒力を信頼すべきである。たとえ苦痛で一晩眠れなくても，治ると信じられるのが自分の体である。少なくとも，自分の体からの信号を聞き違えないように，日ごろから自分の体の調子に目を向けていなければならない。自分の体のことは，いちいち気を使わなくてもわかるはずだ，と考えるのは傲慢である。

　自分の体といっても，そこで行われているはたらきは，ほとんど意識に上らないものばかりである。自分の体であっても意識のうえでは知らない相手である。そうであるから，他人を相手にするように，自分の体の調子を日ごろから意識する必要がある。犬や猫が，自分の排泄物でも臭いを嗅いでみる仕草を見せるのは，そうして自分の体の調子を自覚して生きることが，動物としての常識だからだろう。

　知る対象が自分の体といっても，全身全霊で知る立場としては，他人の体を知ることと同じである。意識下では腸脳からも指令を受けている頭脳の全体を使って生きる世界を知るとき，人は本来の自然の一部になることができる。それゆえ自然の一部になるためには，人は全身全霊ではたらく必要がある。全身全霊ではたらくことによってはじめて人は生死を超えたはたらき

を知る。

　すなわち，自分の体をはたらかせ，同時に脳の全体を使って知ることで，人は自分の体を自然の全体と同様に知ることができる。だとすれば，自分の体を知ることと，自分以外の自然の全体について知ることは区別できても，それを知るための道は同じである。だから，自分の体の治癒力を知る道は，自然のすべてのものの治癒力を知る道である。そしてそれは自然の生命がもつ再生の力を知る道なのである

三人寄ったら会をつくる

　三人寄れば文殊の智慧と言う。とにかく毛色の違う三人以上が同じ場所にかかわってボランティアで活動をすることになったら，会を立ち上げよう。人間社会の一角を占めるためには，「複数」の人間が「一つの会」を構成することが必要である。一人というのは，原則，社会的に信頼されない。だれかが権威をもつのは，その人が大勢の人から認められているからである。つまり社会に認められる権威は，いつでも複数の人間がつくっている。

　これは民主主義社会の原理である。一人一人の意見が大切にされると言っても，発言が公的な意義をもつのは，その発言が複数の間で共通なものになったときからである。社会において一人の意見はまだ「無」に近い。しかし二人，三人の意見は，社会のなかで「一つの見解」として，とつぜん力をもつ。だから，どんなに自分の活動や意見に自負をもっていても，一人で居るかぎり，社会は相手にしてくれないことを知って

いなければならない。社会に奉仕することを建前とする行政職の地位にある人間は，一個人の意見を通常は相手にしない。

　だから，「会」をつくって，活動を社会の一角を占めるものにする必要がある。そして仲間の存在は，困難が訪れたとき，それを乗り越える大きな力にもなることは，だれもが知っていることである。

声を掛け合う，教え合う

　自然と一体化することをボランティアとして行うとき，もっとも苦労することは，人間どうしの関係である。人間は，いつでも，それまでもっていた習慣を捨てられないものである。価値観にしても視野にしても，社会から教えられてきたものを無意識のうちにもっている。自然との一体化を学校で教えてもらうことなど皆無である。学校は文明人を育て，科学者を育て，企業人を育てるところであって，自然の一部になることを教える教科などない。

　それでも努力して，説明して行かなければならない。現場に触れることができる人間が増えれば，科学的な説明はできなくても，理解してもらう道は開けるだろう。それも急ぐ必要はない。まずは仲間は「会」の仲間であって，それは意外と単純だからである。会の仕事は家事のようなものだと述べた。家計簿をつけたり，家計に必要な資金を集めて，とりあえず会のなかで共通に必要な経費に使う。そしてそれを記録し，また会議を開いて意見を集約する。そして管理人との間をとりもつ。こういうことがスムーズに行けば，とりあえ

ずはいいのである。

　作業現場での一つ一つの積み重ねは，作業の信頼性を生んでいくはずである。事故を起こさないように，無用のトラブルは避け，それでも自然の再生に関しては，なんとか実現する道を見つけていくことがすべてである。

　このとき仲間になってくれる人たちは，ごく自然に，互いに無理な要求はしない人たちのはずである。お互いに少々理解できないところがあったとしても，不審を懐く理由が見つからないのなら，人間は，ふつう，いっしょにやっていけるものである。

　わかっていなければならないことは，人間は，一人一人，耳に入ること，目に入ることが違う，ということである。自分の耳に入ることは，だれの耳にも入ると思い込むのはトラブルのもとである。自分の目に，ごく自然に入ってくることでも，ほかの人の目には入っていないこともある。それはお互い様に違いない。

　ボランティアの世界に上下はない。指示するものと指示されるものとの間に，一方的な関係はない。だから，自分にとって常識であることは他人にとっても常識でなければならないと，仲間に強制することはできない。相手が興味を示してくれないかぎり，耳に入れてもらえない。

　だから，ボランティアどうしのコミュニケーションは，ごく普通のおしゃべりの時間を除けば，「興味をひく」ことによる情報共有しかない。仲間であっても，興味をもってもらえなかったらアウトなのである。しかし興味をもってもらうために，いろいろなことがで

きるはずである。そしてその努力が楽しくなれば、この世界の苦労は半減していくだろう。

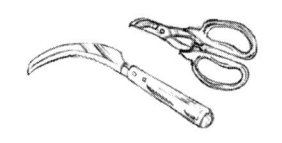

VIII

地球に自然を返す
──ボランティアにしかできない奇跡は起こるか──

自然作業のボランティアはくたびれもうけか

 どこの土地にも所有者が居る。日本列島は日本という国家が国境を築いていて，その境界内では，多くの土地が日本の国籍をもつ日本国民によって所有され，所有者は国家に税金を支払い，国家からその権利を守ってもらっている状態にある。所有者は個人の場合もあれば法人の場合もあるし，あるいは地方自治体，それもなければ国家自身である場合もある。そしてどの所有者も，自分がその土地を使用しないときには，別の人や法人，団体に貸して使用料金を徴収している。

 あるいは，土地は不動産という部類の財産と考えられて売買の対象になる。つまり動かない商品である。その場所に居ない人間でも，権利を売買することができる。したがって住んでいる人や使っている人がその土地の所有者であることも，そうでないこともある。売買も貸し借りもある。したがって市場経済が発達した現在，誰の土地かわからなくなっている土地はまずない。所有があやふやな場合とは，所有権を複数の者のあいだで争っている場合だけである。

したがって，土地には所有者が居て，管理されている。税金の徴収を通じて最後には国家まで管理にかかわっている状態である。こうなると，土地は人間のもつ権利によってがんじがらめになっているとしか言えない。そういう状態で，土地の上っ面にあたるところで自然を助けるボランティアは，一般にはどのように見えるかと言えば，「くたびれもうけ」にしかならないと見えている。

自然を助けるボランティアは，その作業の結果として残すものが「自然に見える」ものでしかないからである。言い換えると，人手がかかっているように見えない。すでに説明したように，造園業者がする作業には「画一性」がある。「揃っていてきれいだ」という感覚である。同じく草を刈り，枝を切っても，自然を助けるボランティアの作業は，野生動物のまねごとだから，画一的でなく，そろっていない。造園業の作業を見慣れた人にはたんに素人臭く見える作業でしかない。

「自然に見える」ものでしかなく，「人手がかかっているように見えない」という状態は，言い換えれば「お金がかかっているように見えない」という状態である。一般の人は，お金がかかっていそうなことを無料でやるからボランティアに価値が出てくるのではないか，と考える。そういう論理で言えば，お金がかかっていそうに見えない作業に汗を流しても，だれも評価（値踏み）してくれないではないか，と疑われる。せっかくボランティアでやっても，結果が見えない（自然に放置して生まれたとしか見えない）なら，くたびれ

もうけだろう，ということである．
　はたしてそうなのだろうか．

自然作業によって得られるもの
　自然作業によってボランティアが得られるものは，まずは「体感」である．文明社会のなかでは，自然界がもつ「生死の世界」の論理を体感せずに人間は生きている．だから文明人は空しく生きるほかない．あるいは空しさに気付くのを怖れて不安なまま生活を続けるしかない．自分の時間の多くを金銭との交換で終わらせているからである．すでに述べたが，自然を助けるボランティアは，さまざまな知を通じて，全身全霊で自然のうちに入り，自然と一体化する方法を身に付けていく．そのとき人は，自分の内側すべてにおいて，「自然を体感」する．
　自然と親しむために自然の花をめでたり，虫を見つけることは，たしかに自然を体感することだが，それは「自然を外側から知る」ことに過ぎない．自分が自然の一部になって自然を内側から体感することではない．自然観察にしても調査にしても，たしかに直接に自分の身体感覚を通じて現場でもつ体験である．「面白い」という自然な感覚を，テレビなどの映像を通じてではなく，その場の空気を吸って生で感じることである．しかしそれでも，観察にしても調査にしても，自分が自然そのものになる，という体験ではない．
　自分が自然そのものになる，というこの体験は，作業をして生死の現場に身を置く以外の方法ではけっして得られない，自然の美を内側から知ることができる

体験である。

　それに対して，専門家について自然を観察することや，専門家の指導で調査を経験することは，何らかのかたちでお金はかかっても，実際にさまざまな方法で，あちこちで体験できることである。もちろん，授業料を払って自分が専門家になれば，今度はお金をもらってそれができる。いずれにしろ売買できる商品になる体験である。いわば金銭で買える体験である。

　自然をまねる作業は，繰り返すが，金銭に交換できない。市場価値を認めるための画一性がないからである。あまりに多様で，よほど奇特な人しかお金を払わないタイプのものである。一般的に価値を認められない絵が，ある人にだけ「売れる」ものになることはある。それと似ている。しかし絵なら，とりあえずある程度同じ状態にとどまる。そのため，同じものがある時間を経たとき「売れるようになる」という変化が起こりえる。

　自然をまねる作業はそのときだけのものである。自然の働きとともに，ボランティアの作業はその一部になって変化していく。したがって絵なら作者が死んだ後にそのまま残って（時間を経ても同一性を保って），売れるようになる，ということがある。しかし自然のための作業は自然の変化と全体のうちにつねに埋没する作業である。むしろその一部となって埋没する作業でなければ自然な作業ではない。そして作業が自然全体のうちに埋没するため，作者がだれかもわからない作業である。結果の自然美は，作業したボランティア個人による結果ではなく，自然全体の作用の結果であ

る。なおかつそれは時間を経ても同じであることによって特定できる作品でもない。

　したがって市場価値は生まれない。しかし，ボランティアで作業する個人には，すでに述べたように，売買できない体験が生まれる。自然生命の永遠性，生態系をはぐくむ力強さ，多様な種の協力（共生）が生み出す美を，じかに内側からも外側からも体感する時間を得る。それは全身全霊で作業するものにしか味わえない時間である。しかも自然生命はそれぞれの個体の生命に尽くされるものではない。したがってそれは個々の「生死を超える」体験である。これは仏教で言えば，仏の体験であり，悟りの体験である。キリスト教で言えば，楽園で神とともに居る体験である。

　この体験を得ることが自然作業にいそしむボランティアの「もうけ」である。仏教でも，キリスト教でも，その経験を得るためにどれほど大変な修業が必要か，それは修行僧の生活を見ればわかる。でも同じことが自然のための作業でふつうに得られる。実際，修行には導師（指導者）が必要である。無能な導師の指導では修行の成果はおぼつかない。しかし自然作業では草木が無言の導師となる。草木は自然そのものであるから絶対に間違いのない導師である。人間にはない永遠の知恵を見せてくれる。

もう一つの奇跡の可能性

　仏教では，修業の末に悟りを得て仏のひとりになることは，奇跡か奇跡に近いことである。キリスト教でも，生きて聖人になることは，同じく神の恩寵による

奇跡である。その奇跡の味わいを、自然のための作業は容易に（無料で）ボランティアにもたらす。

しかし自然のための作業は、当の本人が貴重な経験を体感する以外にも、ボランティアによって、別の奇跡まで実現する可能性がある。

それは土地所有の問題である。

じつはヨーロッパでは、ある土地が、所有者から無視され、別のひとによって長年にわたって使用され管理されつづけていると、実質所有権は、実際の管理者に移行することが認められてきた。これは無用の争いが生じることによって社会が混乱しないための現実的方策として論じられてきたことである。権利にあぐらをかいている状態は、管理者責任をはたしているとは言えない、という理解である。

つまり「所有権」とて絶対のものではなく、それについての「世話焼き」を抜き（放置状態）にしては失効する、ということである。この「世話焼き」の範囲がどれだけかは、その地域の社会習慣による。時代の常識を反映して、そのときの裁判によって決まることである。絶対的基準があるわけではない。国家に税金を納めているという基準だけでいいのか。もしもその土地が人知れない荒野にあるとしたら、それで十分かもしれない。少なくともそこを利用している野生動物は所有権を主張したりしないから。

所有者がその土地の管理をするために代金を支払っていることが判明している場合にも、土地の管理はしっかりなされていると見なされている。つまり所有者が自分で使用していなくても、あるいは管理していな

くても，ほかの誰かに事業を代行してもらっていれば，使用や管理の放棄ではないと認められる。

また管理者が放置していても，違法行為による管理がほかの人によって行われるならば，権利の移行はない。つまり管理者が公的に禁止している作業であるなら（たとえば河川敷で勝手に畑をつくるとか），所有権は移らない。法律で禁止されていることは処罰できることがらだからである。法律というものは，一般的に国家が所有者の所有権を守るためにあるものだから，違法な行為によって所有を奪うことはできない。

しかし，言うまでもなく，自然を助ける作業自体は所有権を奪う目的ではないし，ボランティアが獲得しようとしているものは「物体」ではなく「体験」なので，泥棒にもならない。しかも土地所有者がボランティアによる申し出を受け入れているのなら，明らかにその行為は違法ではない。

もしもボランティアが管理者の申し出による計画に沿ってしか作業していないなら，管理責任が管理者によってはたされていると見なすことはできるだろう。問題は，この微妙さにある。すでに述べたように，ボランティアが目指すものは「自然と一体化」した作業である。個人の影はないし，画一性もない。資本主義の社会では所有権は個人の権利の基本である。だから，個人の権利をもたない作業は，所有権の請求力をもたない。画一性がなければ資本主義が基盤とする市場原理にも合致しない。

この作業は，これまで繰り返し述べてきたように，「自然にならう」作業である。そういう作業に土地が

まかされるなら，土地は人によって管理されている姿にはならない。土地の表向きの形状（人間が利用できる範囲のもの）が，人間の所有による管理がなされている様子にならないのである。むしろ自然に任されているようになる。こうして土地の表情が変わり，土地の所有者が知らない土地の風景になったとき，はたして，これは所有者の管理の結果と見られるか，ということが起こる。所有者の管理の結果でなければ，所有権がそれだけ失われる。

法律では，自然に落ちていたものなら，取り上げた人の所有になる。そのとき所有権が発生するのである。もしもその人がそれをまた放り出したら，所有権は失効して，だれのものでもないもの（自然のもの）に戻る。

土地についても，所有権の発生と失効は，同じことである。自然にまかされることになれば，所有権は失われ，自然に戻る。

自然作業のボランティアは，自然をまねるものである。ということは，所有者がそれをボランティアにまかせたとき，所有者は自ら進んで土地を自然にまかせたことになる。ボランティアの作業は，せっせと人間の足跡を消して，土地を自然に返す作業を始めるのである。

もしもこのことが，人間社会一般の理解を得ることになるのなら，裁判において，長年月にわたって自然作業が行われてきた土地は，すでに自然に返された，と判断されることになるだろう。ボランティアは野生動物をまねているものなので，同じく所有権の請求力

はない。

　これがもう一つの奇跡である。所有でがんじがらめになった世界に風穴が開いて，その土地が国家のものですらない土地になる可能性がある。国家や個人から，地球に返されるのである。自然のためのボランティア作業は，この奇跡を可能にする。

自然の土地は維持できるか

　土地が地球に返されるとは，土地がもともとあった自然の土地になることである。土地に所有者が居なくなる，ということである。文明社会はこの状態に耐えることができるか。もしも所有者が居ない土地があると知られたら，すぐさま「俺の土地だ」と声を上げるものが出てくるのではないか。そういう図々しい人間は居ないと，わたしたちは期待できるだろうか。

　文明社会では，所有権を守ることが人間の自由の基盤を守ることになっている。そういうわたしたちの社会の習慣では，所有者のない土地が所有者の居ないままに守られることは，とても期待できることではない。

　しかし自然に返す活動を続けるボランティアは，それを求めるほかない。土地は自然に返されるべきなのである。では実際にどうすればいいのか。土地の所有権は，結局，ボランティアが管理するほかないだろう。所有者の居ない土地と見れば，すぐにも簒奪しようとする人間が居る社会では，土地を守る人間は，どうしても必要になる。長年月にわたって自然の営みを続けたボランティアが居るのなら，そのボランティアが土地の管理者として，土地に所有者が居ない状態を守ら

なければならないだろう。

　少なくとも，自然の営みには所有者は居ない。だから，自然の営みに同化したボランティアの活動は，土地所有の権利主張にはならない。しかし他方，人間として社会の一員であるボランティアには，他人の所有権の主張に対抗する権利はあるはずなのだ。その権利を使って，「俺の土地だ」と言い張る人間を，現実にその土地で持続する活動を見せて，押し返すことができるはずである。

　こうした考えが社会一般に受け入れられるようになるなら，これまでに述べてきたことも夢ではなくなる。何人かのボランティアが，土地を自然に返す道を歩くようになれば，所有権の線引きで窮屈になった世界が，いつのまにか広々とした世界に戻るに違いない。荒れ果てた土地であっても，複数の人がたびたび通るなら，そこに踏み分け道ができる。それと同じように，この道がだれにでも知られる道になったときには，かならずや世界は変わっていることだろう。

あとがき

　東京には，明治神宮の森がある。人間がつくった森として有名である。
　数年前に，そこで森の管理を担当している人の話を聞いたことがある。
　そろそろ間伐しなければならない時期に来ている地区がある，ところが寄進された木だからと切れないでじつは困っている，という話だった。ということは，これまでは寄進された木であっても切っていたのである。それを聞いたとき，どこでも似たような話があるのだな，と思った。人間がつくりだした森であっても，いかにも「自然なようすの森」が見えてくると，そこに人の手を入れることは自然をこわすことだと考える人が案外に多く居るのである。
　この本を読んだ人は，このようなことが起こる理由がわかると思う。自然な森をつくる人間の作業は，公園の森を作るような人為的な作業ではない。神社の森は，やはりその風土に合った自然の森（日本の神々に合った森）である。その森をつくる作業は自然な作業だから，できあがる森は人間がつくったように見えなくなる。人間が行った途中の剪定も間伐も，実際に「自然の一部」となって森の中に埋没している。とこ

ろが，じっさいにそうした作業をしたことのない人は，人間が自然な作業をすることが理解できない。そして森が自然な雄大さで姿を現し始めると，ふいに「自然」を覚え，そのときになって，自然を守らなければいけないと，人が間伐したり剪定することは自然破壊だと，目くじら立てて反対するのである。

しかし，どんなに自然に見えようとも，明治神宮の森は人間がつくった森であり，たくさんの人たちの心血が注がれている森である。都会の住人は，ほとんどが都会の労働しか知らない。都会に林立する高層ビルなら，たくさんの人間の心血が注がれていることを理解する。ところが休暇を取って都会の喧騒から逃れ，そこで見る山や森が，そこに生きている数知れない生き物たちの心血が注がれてできていることは，まったく理解しない。自分が実際にそのために動いてみないことには，結局は理解できないのである。

しかし自然の森がどんなはたらきでできているか，自然の多様な姿が，どんな生き物たちの協力の結果なのか，自分がその仕事に参加してみると，ちゃんと見えてくる。そして「人間」が動物のメンバーであり，大きな自然をつくることに協力すべき義務をもつ存在であることが理解できるようになると，「人間」というものが優越者ではなく，生き物の世界の一部であることが納得できるし，文明生活の裏が，思いのほか貧相なものとわかってくる。

どういう偶然か，三十年以上前に自然に触れるボランティアの世界を経験するようになった。はじめた当時は思いも寄らなかったことであるが，自然は本当に

豊かな存在であって，じつにたくさんのことを学ぶことになった。今更ながらこの縁を不思議に思う。

　ようやく，伝えるべきことを書くことができた。こういう結果を生むことだとは，だれもわからなかったと思うが，かかわった多くの人たちや生き物たちに感謝して筆をおきたい。

　なお末尾になったが，絵を描いてくれたのはボランティア仲間の画家，山田佳代子さんである。しるして感謝に代えたいと思う。

　　つゆの季節までおかしくなってきた六月，東京にて

八木 雄二（やぎ・ゆうじ）

1952年東京生まれ。慶応義塾大学大学院哲学専攻博士課程修了。91年文学博士。専門は西欧中世哲学，とくにドゥンス・スコトゥス（1308年没）。1978年より東京港大井埠頭「野鳥公園」でボランティア活動。現在，「東京港グリーンボランティア」代表理事，清泉女子大学，早稲田大学で非常勤講師。著書に『鳥のうた』（平凡社），『天使はなぜ堕落するのか』（春秋社），『生態系存在論序説』，『生態系存在論の構築』，『生態系倫理学の構築』（以上，知泉書館），等。

〔地球に自然を返すために〕　　　　　　　　　　ISBN978-4-86285-137-6

2012 年 8 月 25 日　第 1 刷印刷
2012 年 8 月 30 日　第 1 刷発行

著 者　八 木 雄 二
発行者　小 山 光 夫
印刷者　藤 原 愛 子

発行所　〒113-0033　東京都文京区本郷1-13-2
電話(3814)6161　振替00120-6-117170
http://www.chisen.co.jp

株式会社 知泉書館

Printed in Japan　　　　　　　　　　　印刷・製本／藤原印刷